新型职业农民培育教材

# 现代农业与美丽乡村建设

XIANDAINONGYEYU
MEILIXIANGCUNJIANSHE

刘 志 耿 凡◎主编

U0272339

中国农业科学技术出版社

## 图书在版编目（CIP）数据

现代农业与美丽乡村建设／刘志，耿凡主编 . —北京：
中国农业科学技术出版社，2015.9
ISBN 978 – 7 – 5116 – 2230 – 3

Ⅰ. ①现… Ⅱ. ①刘…②耿… Ⅲ. ①现代农业 – 关系 –
农村 – 社会主义建设 – 研究 – 中国 Ⅳ. ①F323②F320.3

中国版本图书馆 CIP 数据核字（2015）第 188934 号

责任编辑 王更新
责任校对 贾海霞

出 版 者 中国农业科学技术出版社
　　　　　北京市中关村南大街 12 号　邮编：100081
电　　话 （010）82106639（编辑室）　（010）82109702（发行部）
　　　　　（010）82109703（读者服务部）
传　　真 （010）82107637
网　　址 http：//www. castp. cn
经 销 者 各地新华书店
印 刷 者 北京富泰印刷有限责任公司
开　　本 850mm ×1 168mm　1/32
印　　张 6. 75
字　　数 156 千字
版　　次 2015 年 9 月第 1 版　2016 年 7 月第 3 次印刷
定　　价 26. 00 元

# 前　言

"走向生态文明新时代，建设美丽中国，是实现中华民族伟大复兴的中国梦的重要内容。"美丽乡村是美丽中国的基础内核，关系到农业现代化建设，关系到农业可持续发展，关系到亿万农民福祉，关系到全面建成小康社会。

党的十八届三中全会提出必须紧紧围绕建设美丽中国深化生态文明体制改革的任务，2013 年中央"一号文件"明确提出要努力建设美丽乡村。党的"十八大"以来，习近平总书记就建设社会主义新农村、建设美丽乡村，提出了很多新理念、新论断、新举措。强调小康不小康，关键看老乡。中国要强，农业必须强；中国要美，农村必须美；中国要富，农民必须富。强调实现城乡一体化，建设美丽乡村，是要给乡亲们造福，不要把钱花在不必要的事情上，不能大拆大建，特别是要保护好古村落。强调乡村文明是中华民族文明史的主体，村庄是这种文明的载体，耕读文明是我们的软实力。强调农村是我国传统文明的发源地，乡土文化的根不能断，农村不能成为荒芜的农村、留守的农村、记忆中的故园。强调搞新农村建设要注意生态环境保护，注意乡土味道，体现农村特点，保留乡村风貌，坚持传承文化，发展有历史记忆、地域特色、民族特点的美丽城镇。这些重要论述深刻阐述了美丽乡村建设的重大现实意义，揭示了美丽乡村建设的历史文化渊源，指明了美丽乡村建设的基本要求和工作重点。

　　本书全面、系统地介绍了现代农业是美丽乡村建设的支撑体，现代农业发展是国家经济发展战略，美丽乡村建设目标和现状，美丽乡村建设与生态发展，美丽乡村建设的规划设计，美丽乡村建设与居民建筑规划，美丽乡村建设与绿地道路规划，美丽乡村与排水规划，美丽乡村建设及供电规划，美丽乡村建设与新能源规划，美丽乡村及景观建设，美丽乡村建设与防灾规划等内容。

　　由于编者水平所限，加之时间仓促，书中不尽如人意之处在所难免，恳切希望广大读者和同行不吝指正。

编者

# 目　录

# 第一章 现代农业是美丽乡村建设的支撑体

农业是国民经济的基础产业，也是关系百姓生计的民生产业。我国农业不仅要解决十几亿人口的吃饭问题，还要满足工业原料不断加大的需求。与此同时，农业还承担着农民增收、确保食品质量安全的任务。面对诸多挑战，传统的农业增长方式已经不可能完成农业的使命。因此，必须改造传统农业，发展现代农业。

党的"十六大"以来，中央就开始了全面推进"三农"实践创新、理论创新、制度创新的战略，党的"十八大"进一步提出了加快发展现代农业，增强农业综合生产能力的要求。加快发展现代农业，进一步增强农村发展活力是再创农村改革发展新辉煌的重要举措。发展现代农业是中央的重大决策，是历史发展的必然选择，具有十分重大的现实意义。

## 第一节 现代农业的特征和内在要求

### 一、现代农业的概念与特征

### (一) 现代农业的概念

1. 现代农业的概念

现代农业是广泛应用现代科学技术、现代工业提供的生产资料和科学管理方法进行的社会化农业。它是在近代农业的基础上发展起来的以现代科学技术为主要特征的农业，是广泛应用现代市场理念、经营管理知识和工业装备与技术的市场化、集约化、专业化、社会化的产业体系，是将生产、加工和销售相结合，产前、产后与产中相结合，生产、生活与生态相结合，农业、农村、农民发展，农村与城市、农业与工业发展统筹考虑，资源高效利用与生态环境保护高度一致的可持续发展的新型产业。

2. 现代农业的内涵

现代农业是一个动态的和历史的概念，是一个具体的事物，是农业发展史上的一个重要阶段。

从发达国家传统农业向现代农业转变的过程看，实现农业现代化的过程包括两方面内容：一是农业生产的物质条件和技术的现代化，利用先进的科学技术和生产要素装备农业，实现农业生产机械化、电气化、信息化、生物化和化学化；二是农业组织管理的现代化，实现农业生产专业化、社会化、区域化和企业化。

（1）现代农业的本质是用现代工业装备的，用现代科学技术武装的，用现代组织管理方法经营的社会化、商品化农业，是国民经济中具有较强竞争力的现代产业。

（2）现代农业是以保障农产品供给，增加农民收入，促进可持续发展为目标，以提高劳动生产率，资源产出率和商品率为途径，以现代科技和装备为支撑，在家庭经营基础上，在市场机制与政府调控的综合作用下，农工贸紧密衔接，产加销融为一体，多元化的产业形态和多功能的产业体系。

（3）现代农业处于农业发展的最新阶段，是广泛应用现代科学技术、现代工业提供的生产资料和科学管理方法的社会化农业，主要指第二次世界大战后发展起来的，经济发达国家和地区的农业。

### （二）现代农业的特征

现代农业广泛应用现代科学技术、现代工业提供的生产资料和科学管理方法，具有以下几个方面的特征：

1. 现代农业具备较高的综合生产率

现代农业因广泛应用现代科学技术、现代工业提供的生产资料和科学管理方法，具有较高的经济效益和更强的市场竞争力等，从而具有较高的综合生产效率，包括较高的土地产出率和劳动生产率。这是衡量现代农业发展水平的最重要标志。

2. 现代农业具有可持续发展的特点

在现代农业条件下，农业发展本身是可持续的，而且具有良好的区域生态环境。广泛采用生态农业、有机农业、绿色农业等生产技术和生产模式，实现淡水、土地等农业资源的可持续利用，达到区域生态的良性循环，农业本身成为一个良好的可循环的生态系统。

3. 现代农业具有高度商业化的特征

现代农业的生产主要为市场而生产，具有较高的商品率，通过市场机制来配置资源。商业化是以市场体系为基础的，现代农业要求建立非常完善的市场体系，包括农产品现代流通体系。离开了发达的市场体系，就不可能有真正的现代农业。农业现代化水平较高的国家，农产品商品率一般都在90%以上。

4. 现代农业应用现代化的物质条件

以比较完善的生产条件、基础设施和现代化的物质装备为基础，集约化、高效率地使用各种现代生产投入要素，包括水、电力、农膜、肥料、农药、良种、农业机械等物质投入和农业劳动力投入，从而达到提高农业生产率的目的。

5. 现代农业采用先进的科学技术

广泛采用先进适用的农业科学技术、生物技术和生产模式，改善农产品的品质、降低生产成本，以适应市场对农产品需求优质化、多样化、标准化的发展趋势。现代农业的发展过程，实质上是先进科学技术在农业领域广泛应用的过程，是用现代科技改造传统农业的过程。

6. 现代农业采用现代管理方式

广泛采用先进的经营方式、管理技术和管理手段，从农业生产的产前、产中、产后形成比较完整的、紧密联系的、有机衔接的产业链条，具有很高的组织化程度。有相对稳定、高效的农产品销售和加工转化渠道，有高效率的把分散的农民组织起来的组织体系，有高效率的现代农业管理体系。

7. 现代农业由高素质的职业农民经营

具有较高素质的农业经营管理人才和职业农民是建设现代农业的前提条件，也是现代农业的突出特征。

8. 现代农业采用现代经营模式

现代农业实现生产的规模化、专业化、区域化，从而达到降低公共成本和外部成本，提高农业的效益和竞争力的目的。

9. 现代农业拥有完善的政府支持体系

现代农业的建立必须有与之相适应的政府宏观调控机制，有完善的农业支持保护的法律体系和政策体系，从而能有效地推动农业实现持续、快速、健康发展。

## （三）现代农业的要素

### 1. 用现代物质条件装备农业

现代农业的发展，需要以较完备的现代物质条件为依托。改善农业基础设施建设，提高农业设施装备水平，是构成现代农业建设的重要内容。只有加快农业基础建设，不断提高农业的设施装备水平，才能有效突破耕地和淡水短缺的约束，提高资源产出效率；才能大大减轻农业的劳动强度，提高农业劳动生产率；也才能提高农业的抗灾减灾能力，实现高产稳产的目标。

### 2. 用现代科学技术改造农业

科学技术是第一生产力，依靠科学技术实现资源的可持续利用，促进人与自然的和谐发展，日益成为各国共同面对的战略选择，科学技术作为核心竞争力日益成为国家间竞争的焦点。随着社会经济的不断发展，促进农业科技进步，提高农业综合生产能力，提高农业综合效益和竞争力，成为加快推动现代农业建设的重要内容。传统农业由于科技含量普遍较低，生产经营效率低下，综合效益明显不足。因此，必须用现代科学技术改造农业，大力推进农业现代化建设，不断增强农业科技创新能力建设，加强农业重大技术攻关和科研成果转化，着力健全农业技术推广体系，从而有效提高农业产业的科技技术装备水平，为现代农业发展提供强有力的科学技术支撑，为农民增收、农业增效与农村发展创造更为有利的条件。

### 3. 用现代产业体系提升农业

现代农业产业体系是集食物保障、原料供给、资源开发、生态保护、经济发展、文化传承、市场服务等产业于一体的综合系统，是多层次、复合型的产业体系。现代农业的发展，需要将生产、加工和销售相结合，也需要将产前、产中与产后相结合，从而有效促进现代农业的产业化发展目标的实现。用现代产业体系提升农业，成为现代农业发展的重要内容。在构建现代农业产业体系，推进农业现代化发展进程过程中，需要推进农村劳动力转移就业，壮大优势农产品竞争力，培植农产品加工龙头企业，打造农产品优质品牌等；同时，还必须进一步完善投入保障机制，公共服务机制，风险防范机制等保障机制建设，不断提高农业的产业化发展水平，为现代农业的产业化发展创造有利条件。

### 4. 用现代经营方式推进农业

现代经营方式具有市场性、高效性的特点，有利于调动农业参与者的积极性与创造性，能大幅提高农业生产资料的运用效率，进而有利于增加农业产业的综合效益。现代农业的发展需要采用与之匹配的经营方式，集约化、规模化、组织化、社会化是现代农业对经营方式的内在要求。同时，党的十八大报告明确提出，要大力发展农民专业合作和股份合作，培育新型经营主体，发展多种形式规模经营，构建集约化、专业化、组织化、社会化相结合的新型农业经营体系。这为我国现代农业经营方式的选择确定提供了有效依据。构建集约化、专业化、组织化、社会化相结合的新型农业经营体系，大力培育专业大户、家庭农场、专业合作社等新型农业经营主体，发展多种形式的农业规模经营和社会化服务，是我国发展现代农业的必由之路。

### 5. 用现代发展理念引领农业

发展理念对现代农业产业发展产生着极为重要的影响，现代农业的发展需要先进的发展理念来引领。为此，现代农业的发展需要树立先进的发展理念：一是可持续发展理念。农业发展是关系国计民生的"大问题"，现代农业更代表着农业产业发展的主流方向，需要始终坚持可持续发展理念，积极采用生态农业、有机农业、绿色农业等生产技术和生产模式，尽最大可能实现经济效益、社会效益和生态效益的完美统一。二是工业化发展理念。要实现现代农业的跨越式发展，必须借鉴工业化发展模式，对农业实行"工厂化"管理与"标准化"生产，进一步延长农业的产业链，不断提高农副产品的生产效率与品质，有效增强农业产业的深加工能力，大幅增加农业产业的附加值。三是品牌化发展理念。商品品牌具有显著的品牌效应，是企业无形的宝贵资产。因此，现代农业发展需要牢固树立品牌意识，积极实施农产品商标战略，着力打造知名品牌，积极发展品牌农业、绿色农业。此外，现代农业发展还需要树立集约化发展理念、全局协同发展理念等等，以满足适应社会经济现代化的发展需要。

6. 用培养新型职业农民的办法发展农业

我国是一个农业大国，但缺乏职业农民的观念。传统农民已经不能满足现代农业的发展要求，新型职业农民的培养对我国农业的现代化发展极为重要。新型职业农民是指"有文化、懂技术、会经营"的、以农业作为专门工作的劳动者，是农业现代化发展的主要实践者。为了适应现代农业的发展需要，党和政府高度重视新型职业农民的培育工作，并实施了一系列的措施和办法，希望尽快培育出一支新型职业农民队伍，以满足现代农业的发展需要。2007年1月，《中共中央、国务院关于积极发展现代农业扎实推进社会主义新农村建设的若干意见》首次正式提出培养"有文化、懂技术、会经营"的新型农民，同年 10 月新型农民的培养问题写进党的"十七大"报告。2012 年中央"一号文件"首次提出，要培育新型职业农民，全面造就农村人才队伍，着力解决未来"谁来种地"的问题；党的"十八大"明确要求构建集约化、专业化、组织化、社会化相结合的新型农业经营体系。因此，新型职业农民成为现代农业发展的关键性要素。

## 二、现代农业的内在要求

### （一）农民务农职业化

农民职业化是指"农民"由一种身份象征向职业标识的转化。实质是传统农民的终结和职业农民的诞生；职业化的农民将专职从事农业生产，其来源不再受行业限制，既可源自传统农民，也可源自非农产业中有志于从事农业的人。随着农业劳动生产率的提高，农村剩余劳动力将逐渐离开土地和农业，转变为工人和城市非农劳动者，而其余的小部分人则转化为新型职业农民。通过培训学习与实践，逐步实现农民务农职业化，从而有效地推动我国"四化同步"发展的进程，提高我国农业发展的现代化水平。这是我国农业发展的必然趋势，也是现代农业发展的内在要求。

1. 农民务农职业化有利于推进"四化同步"建设

农民务农职业化可以让职业农民安心钻研农业发展模式，精心选择农业产业，全力做好所从事的农业产业的发展工作。从而改变现有的农民兼有多种职业、从农不专业、从工无技术，常年处于"非农非工、非乡非城"的状态。同时，随着我国城镇化进程的不断加快，真正从事农业生产经营的人员应当从现在的 47% 下降到 20% 左右，从而把农村剩余劳动力从农村转移出来，使他们从现在的农民工转变成城镇工人或市民，也可以促使他们安心钻研技术，集中精力开展创业经营，使留在农村的人能集中土地，开展农业的规模化、产业化经营，从而推进"四化同步"建设的顺利进行。

2. 农民务农职业化有利于提高现代农业发展水平

现代农业要求用现代的理念、现代的技术和现代的装备来武装农业，这既需要农业人员的专业知识，也需要农业人员的文化水平，并非传统的农民所能胜任。为此，实行农民务农职业化可以促进真正的农民学习农业知识，参加农业生产、经营的培训学习，激发他们的创业热情。这些经过培训的农民就是职业农民，他们必然是现代农业科技与设备的先行使用者和先进生产经营管理模式的践行者。只有这样的农民才能提高农业产业的生产效率，提升农业产业的产出水平，进而推进我国农业现代化的发展进程。

3. 农民务农职业化有利于新型农业经营主体的形成

我国未来农业的发展应当由新型农业经营主体来承担，这些新型农业经营主体表现为农民专业合作社、家庭农场、农业公司、种植和养殖大户。这些新型农业经营主体的组成人员一定来自传统的普通农民，他们是农民中的精英，他们是具有远见卓识的农民。可以设想，实行农民务农职业化就可以通过市场机制，把热爱农业、研究农业的人员吸引到农业队伍中来；一些对无志于农业的农民就可以通过市场机制退出农业，通过另谋出路实现新的就业目标。而留在农业队伍中的人员，为了获得市场竞争优势，为了获得话语权，必然走向联合，从而促进新型农业经营主体的形成。

### （二）农业产品品牌化

品牌即商标，通常由文字、标记、符号、图案和颜色等要素组合构成。在传统的农业生产中，人们习惯散装销售自己的产品，根本就不需要商标。随着市场竞争激烈程度的加剧，品牌成了影响产品价格的重要因素，品牌成了促进产品销售的重要因素。因此，农业产品品牌化成为现代农业的又一内在要求。

**1. 有利于提高农业产品的知名度，获得品牌效益**

随着现代生产技术与工艺的不断发展，同类企业所生产的产品在品质与性能等方面的差异化程度明显减弱。在激烈竞争的市场条件下，消费者选择商品更多关注的是产品的品牌，一个知名品牌往往能够吸引更多消费者的眼球。知名商品虽然在使用价值上和普通商品相差无几，而且价格可能高出许多，但大多数消费者仍然选择知名商品。因此，无论是何种行业、何种产品，产品品牌都是企业极为宝贵的无形资产，其重要性不可小觑。农业产品实行品牌化，可以给广大消费者留下深刻的印象，可以让更多消费者了解它、接受它，从而可以有效提高农业产品的知名度，为占据更大的市场份额、获取更丰厚的经济利益创造有利条件，进而促进农业产品品牌效益的实现。

**2. 有助于增强农业产业的竞争力，赢得市场份额**

在竞争日趋激烈的现代市场条件下，企业间的竞争其实就是市场份额的争夺，而商品品牌的知名程度正是决定产品市场份额的关键。农业产品品牌知名度越高，就意味着产品的市场竞争力越强，越能赢得更大的市场份额。反之，一个没有品牌的产品，往往进不了超市或高档的市场，只能屈就于农贸市场、街头巷边，无论品质多好，都只是一种大路货。因此，农业产品必须走品牌化的道路。当然，知名的品牌也需要以优质的农产品为基础，要打造知名品牌，必须生产出优质的产品。农产品品牌的打造是一项长期工程，不但需要提高农业生产者的生产经营理念，而且需要优质的品种、优良的生产方法、独特的经营模式。同时，知名品牌的打造需要时间，只有长期的市场宣传、消费者评价，才有可能打造出知名品牌。

3. 有利于提升农业企业的影响力，获取发展先机

随着现代农业的不断发展，新型农业经营主体得到快速发展，国家投资在农业上的各种项目经费、补贴经费逐年递增。当然，要想获得这些经费也不容易，农业企业为获取项目经费，相互竞争的激烈程度日趋加剧。谁拥有"响当当"的知名品牌，谁就具有强烈的影响力，谁就有可能获得国家的扶持，谁就有可能获得发展的先机，谁就可能在激烈的市场竞争中发展壮大起来。因此，农业企业的品牌化建设有利于提升企业的整体社会影响力，有利于增强企业的市场竞争力，从而为企业获取市场发展先机提供有效支持。

### （三）农业经营集约化

集约化经营是指经营者通过经营要素质量的提高、要素含量的增加、要素投入的集中以及要素组合方式的调整来增进效益的经营方式。集约是相对粗放而言，集约化经营是以效益为根本，对经营诸要素进行重组，实现最小的成本获得最大的投资回报。集约经营主要用于农业，那么，什么是农业集约经营呢？农业集约经营是指在一定面积的土地上投入较多的生产资料和劳动，采用新的技术措施，进行精耕细作的农业经营方式。由粗放经营向集约经营转变是农业生产发展的客观规律，是我国现代农业发展的内在要求。

1. 农业集约化经营是实现农业持续性发展的迫切需要

我国农业实行的是以家庭分散经营为主的经营方式，这种经营方式有利于调动经营者的积极性，同时也表现出一定的局限性。一是由于经营规模有限，难以获取规模经济与规模效益；二是由于农业经济效率低下，大量农村青壮年外出务工，农村土地主要由妇女、老年人耕作，经营较为粗放，甚至"撂荒"现象不断。再过几十年，这些人再无体力种地，而青壮年外出务工，"今后谁来种地"成为一种严峻的现实问题。中央对此高度关注和重视，并采取一系列举措培养新型农民，不断提高农业的集约化经营水平，以提高我国的农业经营水平，满足现代农业的发展要求，确保我国农业的持续快速健康发展。特别是通过培育新型农业经营主体，加大土地流转的力度，提高农业集约化经营程度，实现农业持续发展。

2. 农业集约化经营是实现农业产业化发展的基础环节

农业的产业化发展需要以农业的集约化经营为依托，需要以确定的市场供求信息为指向。否则，农业产业化将难以发展。多年来，我国已经致力于农业产业化发展的道路，但由于农业集约化经营没有跟上，严重影响了农业产业化的发展势头。"自给自足"的小农经营模式，由于经营规模有限，经营管理粗放，已经无法与市场进行对接，无法满足日益多样化与个性化的市场需求，无法在激烈的竞争中获得优势。因此，现代农业必须走集约经营的道路。同时，我国农业发展处于市场经济的大环境中，必须适应市场经济发展的要求，而市场经济就是竞争经济，竞争就必须具备优势才能取胜。而集约经营正是农业获得优势的重要途径。因此，要加速农业产业化的发展进程，必须加速土地流转，实施农业集约化经营，以便为农业产业化奠定坚实基础。

**3. 农业集约化经营是推进现代农业建设的客观要求**

现代农业是一项复杂的系统工程，由诸多要素构成，最基本的要素至少包括现代物质条件装备、现代科技、现代经营形式、新型农民等。在这些要素中，最核心的要素有两点，一是现代农业的经营方式，即农业的集约化经营，二是必须拥有现代农业发展的主体，即既有知识技术又懂经营管理的新型职业农民。只有在集约经营条件下，现代农业的诸多构成要素才能整合在一块，发挥出综合性的作用。也就是说农业集约化经营为这些要素的运用提供了空间和载体，倘若没有农业的集约化经营，没有新型农民的成长空间，现代物资装备、现代科技就无法使用，现代发展理念、现代经营形式就无法引入，土地产出率、资源利用率、劳动生产率、农业的效益和竞争力等就是一句空话。

## 三、现代农业的常见类型

### （一）有机生态农业

生态农业是按照生态学原理和经济学原理，运用现代科学技术成果和现代管理手段，以及传统农业的有效经验建立起来的，能获得较高的经济效益、生态效益和社会效益的现代化农业。它要求把发展粮食与多种经济作物生产，发展大田种植与林、牧、副、渔业，发展大农业与第二、第三产业结合起来，利用传统农业的精华和现代科技成果，通过人工设计生态工程，协调好发展与环境之间、资源利用与保护之间的矛盾，形成生态上与经济上两个良性循环，实现经济、生态和社会三大效益的统一。

有机农业是遵照一定的有机农业生产标准，在生产中不采用基因工程获得的生物及其产物，不使用化学合成的农药、化肥、生长调节剂、饲料添加剂等物质，遵循自然规律和生态学原理，协调种植业和养殖业的平衡，采用一系列可持续发展的农业技术以维持持续稳定的农业生产体系的一种农业生产方式。

## （二）绿色环保农业

绿色环保农业，是指以全面、协调、可持续发展为基本原则，以促进农产品数量保障、质量安全、生态安全、资源安全和提高农业综合效益为目标，充分运用先进科学技术、先进工业装备和先进的管理理念，汲取人类农业历史文明成果，遵循循环经济的原理，把标准化贯穿到农业的整个产业链中，实现生产、生态、经济三者协调统一的新型农业发展模式。

绿色环保农业是灵活利用生态环境的物质循环系统，实践农药安全管理技术、营养物综合管理技术、生物学技术和轮耕技术等，从而达到在发展农业生产的同时，也对农业生产环境进行有效保护，基本实现经济效益、社会效益、生态效益的有机统一，它构成了我国农业现代化发展的重要内容。随着世界各国对生态环境保护的日益重视，绿色环保的理念深入人心，绿色环保农业的影响范围大为拓展，绿色环保产业将迎来广阔的发展空间。

## （三）观光休闲农业

观光休闲农业是以农业和农村为载体的新型生态旅游业，是现代农业的组成部分，不仅具有生产功能，还具有改善生态环境质量，为人们提供观光、休闲、度假的生活功能。休闲观光农业是利用田园景观、自然生态及环境资源等，通过规划设计和开发利用，结合农林牧渔生产、农业经营活动、农村文化及农家生活，提供人们休闲，增进居民对农业和农村体验为目的的农业经营形态。观光休闲农业是结合生产、生活与生态三位一体的农业，是在经营上表现为产、供、销及休闲旅游服务等产业于一体的农业发展形式。观光休闲农业是区域农业与休闲旅游业有机融合并互生互化的一种促进农村经济发展的新业态。

## （四）工厂运作农业

工厂运作农业是指综合运用现代高科技、新设备和管理方法发展起来的一种全面应用机械化、自动化技术，使资金、技术、设备高度融合密集运用的农业生产形式。工厂运作农业是农业设计的高级层次，能够在人工创造的环境中进行全过程的连续作业，从而有利于摆脱自然界的制约。工厂运作农业将农业生产工厂化，依托强大的生产技术与设备，在人工创造的环境中实行工厂化生产，可以在很大程度上减少对自然环境的依赖程度，有利于大幅度提高农业生产效率，成为现代农业的又一重要类型。

## （五）立体循环农业

立体循环农业是指利用生物间的相互关系，兴利避害，为了充分利用空间，把不同生物种群组合起来，多物种共存、多层次配置、多级物质能量循环利用的立体种植、立体养殖或立体种养的农业经营模式。

立体循环农业是现代农业的重要类型，立体循环农业充分利用光、热、水、肥、气等资源和各种农作物在生育过程中的时间差和空间差，在地面地下、水面水下、空中以及前方后方同时或交互进行生产，通过合理组装，粗细配套，组成各种类型的多功能、多层次、多途径的高产优质生产系统，从而尽可能地获得农业生产的最大综合效益。开发立体循环农业意义重大，不仅能够节约资源、节约空间，而且能够达到集约经营的效果，因此，已经成为我国现代农业发展的重要类型。

### （六）订单生产农业

订单生产农业是指根据农产品订购合同、协议进行农业生产，也叫合同农业或契约农业。订单生产农业是现代农业的又一重要发展类型，具有强烈的市场性、严格的契约性、成果的预期性和遭遇违约结果的风险性。签约的一方为企业或中介组织包括经纪人和运销户，另一方为农民或农民群体代表。签约双方在订单中规定农产品收购数量、质量和最低保护价，使双方享有相应的权利、义务和约束力，依法不能单方面毁约。但由于农业受自然环境影响较大，具有生产结果的不确定性，从而又带来产品市场的不确定性，因此，遭遇违约结果的风险性很大。

随着市场经济的持续发展以及市场竞争的不断加剧，订单生产农业对增强农民竞争力和促进农民增收仍然具有一定作用。订单农业可以从一定程度上为农民生产解除后顾之忧，也有利于减少农民生产的盲目性，所谓"手中有订单，种养心不慌。"但同时也要看到，我国的法制建设尚不完善，人们守法的意识和观念还不强，特别是在遇到严重自然灾害或巨大市场波动时，违约事件也时有发生。因此，订单农业既具有保险的一面，也具有一定的风险性，需要客观对待。

# 第二节 现代农业发展的必要性

## 一、发展现代农业是转变农业生产经营方式的需要

现代农业是与传统农业相对应的农业形态，是以广泛应用

现代科学技术、普遍使用现代生产工具、全面实行现代经营管理为本质特征和主要标志的发达农业。改革开放几十年来，我国农业取得了显著的成绩。但我国农业仍处于传统农业向现代农业的过渡阶段，推进现代农业建设任务繁重。转变农业生产经营方式、推进农业生产经营现代化，成为化解我国"三农"难题的重要途径。同时，现代农业依托现代先进技术与设备，实行集约化、规模化和产业化生产经营，发展现代农业成为转变农业生产经营方式的客观需要。

**（一）农业的集约化经营需要发展现代农业**

农业的集约化经营方式，就是在单位面积的土地投入更多的生产资料及劳动，并应用先进的生产技术与设备等，以提高农业产业的生产效率，生产出数量更多的农副产品。实现农业集约经营与粗放式农业生产经营方式存在着本质区别，是农业产业发展的巨大进步。实行农业集约化经营符合我国人多地少、人地矛盾较突出的基本国情，是我国农业生产经营方式转变的重要方向之一。同时，农业集约化经营需要投入大量的技术设备与生产资料，而现代农业则以现代技术设备为依托，可以为农业的集约化生产提供农业技术与设备支持，农业的集约化经营离不开农业的现代化，二者不可断然分开，需要相互促进共同发展。

**（二）农业的规模化经营需要发展现代农业**

人多地少、农业经营分散是我国最基本的国情之一，这在很大程度上制约着我国农业的规模化经营，不利于农业规模效益与规模经济的实现。转变农业生产经营方式，变分散的、小规模的农业经营方式为适度集中的、规模化的农业经营方式，成为提高我国农业生产效率、促进农民增收的重要手段之一，农业的规模化经营符合我国未来农业的发展方向。同时，农业规模化经营需要以先进的农业技术与设备为支撑，需要以土地的合理流转为保障，而现代农业正好为其提供农业科技与设备支持，也可以有效推进我国农村土地的合理流转。因此，农业现代化可以为农业的规模化经营提供所需条件，农业规模化经营离不开现代农业的发展。

### （三）农业的产业化经营需要发展现代农业

农业产业化以市场为导向，以提高经济效益为中心，以科技进步为支撑，围绕支柱产业和主导产品，优化组合各种生产要素，对农业和农村经济实行区域化布局、专业化生产、一体化经营、社会化服务、企业化管理。形成以市场牵龙头、龙头带基地、基地连农户，集种养加、产供销、内外贸、农科教为一体的经济管理体制和运行机制。而传统的农业生产多属于"自给自足"型，无论是生产效率还是商品化程度均较为低下，农业比较效益低下、农民增收困难、农村发展滞后等，均难以通过这种农业生产经营方式来突破，严重影响和制约了我国"三农"经济的发展步伐。相比之下，农业产业化经营方式具有巨大的发展潜力，在促进农业增效、农民增收与农村繁荣方面将发挥出更大功效，成为农业生产经营方式转变的又一重要方向。同时，农业产业化经营同样需要农业科技与设备为支撑，也需要先进的农业生产经营理念为指导。而农业的现代化正好对其进行有力支撑，成为农业产业化经营的重要保障。因此，农业产业化同样离不开现代农业的发展。

### 二、发展现代农业是提高农业综合发展能力的需要

要想在日益激烈的市场竞争中持续发展壮大，必须全面提

升农业的综合发展能力，为持续健康发展目标的实现提供有力的"硬实力"。科技装备能力、综合生产能力与市场适应能力等构成了农业综合发展能力的主要内容，而现代农业凭借先进的农业技术装备、先进的发展理念以及高素质的新型农民，可以全面提高农业综合发展能力，推动农业不断向前发展。

**（一）发展现代农业有利于增强农业的科技装备能力**

农业的科技装备水平在很大程度上反映出农业的现代化程度，高水平的农业科技装备有利于提升农业的整体实力，促进农业产业实现可持续发展。同时，现代农业的发展需要以先进的农业科学技术与装备为依托，没有先进技术与装备做支撑的农业不能称为现代农业。一方面，现代农业的发展可以提高农业产业的科技含量与装备水平，增强农业产业的综合实力，为农业产业的持续性发展奠定坚实的科技装备基础；另一方面，也可以对农业科技与设备形成较大的市场需求，进而刺激农业现代科技与设备的"再生产"，形成现代农业与农业科技设备互相促进的良性互动格局。

**（二）发展现代农业有利于增强农业的综合生产能力**

农业生产效率与农产品品质共同影响着农业的综合生产能力，是农业生产经营中至关重要的一环。要实现农业的高产与高效、农民的增产与增收，必须首先从农业生产这一源头抓起。现代农业具有较高的农业技术与装备水平，应用先进的生产经营管理理念，实行集约化、规模化、专业化、标准化生产与经营，可以大幅提高农业产业的生产效率，生产出数量更多的农副产品，达到农业增产的目的；还可以有效改进农副产品的整体品质，满足人们日益多样化、个性化的消费需求，从而达到农业增效的目的。因此，凭借着先进的生产技术与设备、正确的生产经营理念和高效的生产经营方式，现代农业可以从源头上增强农业产业的综合生产能力。

### （三）发展现代农业有利于增强农业的市场适应能力

在市场经济高速发展的时代背景下，市场在资源配置中起着基础性与决定性作用，农业产业的持续发展需要较强的市场适应能力，以便在激烈的市场竞争中占据更为有利的地位。现代农业以市场需求为导向，依托现代农业科技与设备，采用现代经营管理理念，实行专业化、标准化、集约化、规模化生产与经营，可以实现农业与市场的有效结合，农业产业可以根据市场需求调整生产结构，更好地满足市场需求，有效地增强农业的市场适应能力与竞争实力。因此，发展现代农业既可以增强农业产业的市场意识，也可以提高其市场竞争实力，有利于促进农业产业获取更为有利的市场地位。

### 三、发展现代农业是提高农产品国际竞争力的需要

随着开放程度的不断加深，我国农产品已经完全融入国际市场，面临的挑战和竞争越来越激烈。为了有效应对国际农产品市场上的诸多挑战，并占据更为积极主动的国际市场位置，需要在农产品价格、品质等方面进行重点突破。而现代农业实行规模化、集约化和产业化生产，有利于降低生产经营成本，提高农产品国际竞争力。

### （一）发展现代农业是迎接国际市场竞争挑战的需要

相对于国内市场，国际市场上的参与主体更加复杂多样，关系更为错综复杂，市场门槛也相对更高。因此，在国际市场上的竞争更为激烈和残酷，面临的挑战与风险也更多。为了有效应对日益激烈残酷的国际市场的竞争与挑战，我国农业相关

产业必须增强国际市场观念与危机意识，积极采用先进的农业科技与设备，实行高效的农业生产经营方式，确保所生产的农副产品具有"适销对路、物美价廉"的特性，从而促使其在激烈的国际市场上占据更为主动的地位。现代农业集现代技术设备、先进经营管理理念、高效生产经营方式于一体，可以有效增强农业产业的国际市场竞争力，既是发达国家普遍采用的农业发展模式，也是我国农业产业迎接国际市场竞争与挑战的重要手段。

## （二）发展现代农业是提高农产品国际竞争价格优势的需要

国际市场的竞争既包括农产品品质的竞争，也包括农产品价格的竞争。获取市场价格优势成为农产品出口，获取更大市场份额的重要突破口。因此，提高农业生产经营效率、控制农业生产经营成本成为获取国际市场价格优势的重要途径，也是赢得国际农产品市场的重要手段。现代农业运用先进的农业科技与设备，采用规模化、机械化、专业化等高效生产经营模式，有利于提高农业生产效率，控制或降低农业生产成本，有利于获得规模经济效益，有利于获得国际市场的竞争优势。

## （三）发展现代农业是提高农产品国际品质优势的需要

随着国际贸易竞争的加剧，农产品国际贸易的门槛要求越来越高，这为我国农业产业的发展提出了新的更高要求与挑战。而农产品品质的提高，关键在于科学生产经营方式的运用和先进技术设备的采用。发展现代农业，有利于促进生产经营方式的转变，有利于先进技术设备的广泛应用，从而有利于提高农产品品质，为我国农业产业获得更大的国际市场份额、实现全球化战略提供支撑。因此，发展现代农业是提高农产品品质的重要途径，也是我国农业产业更好地走向世界的关键性举措。

# 第三节 现代农业发展的紧迫性

## 一、农村土地经营分散影响农业效益，必须发展现代农业

改革开放以来，我国农村实行以家庭联产承包责任制为基础、统分结合的双层经营体制，在特定历史时期内极大地调动了广大农民群众的生产积极性与创造性，推动了我国农业产业经济的快速发展。随着社会经济的深入发展，这种农村经营体制在某种程度上造成了农村土地的分散经营，不利于农业产业的规模化与集约化经营。因此，需要在坚持现有农村经济制度的基础上，深化农村社会经济改革，促进农村土地合理流转，大力推进我国农业产业现代化，有效提高农业产业的综合效益。

### （一）不利于农业规模化发展，难以获得规模效益

我国农业人口众多、农村耕地有限，人地矛盾较为突出，在现有的农村经营体制之下，农民以家庭为单位承包农村土地，单独从事农业生产经营活动，农村土地经营较为分散。由此造成农业经营主体发展规模普遍偏小，经营土地分散，大规模机械化耕作难度较大，农业生产效率低而成本高，难以获得农业生产的规模效益，农业产业效益低下，农民收入水平普遍偏低。同时，由于农村社会保障制度不健全，农民离土不离乡，虽然长年在城里打工，但也不愿放弃已经承包的土地，导致土地流转相对困难，从而不利于农业产业的规模化经营。此外，由于农民分散经营，农业生产组织化程度较低，缺乏市场话语权，严重影响了农业的比较效益。

## （二）不利于农业集约化生产，难以获取竞争优势

农村土地经营分散在不利于农业产业规模化经营的同时，也不利于农业产业的集约化经营。一方面，农村土地经营分散，农业生产的新技术新模式难以推广，不利于开展集约化经营，导致农业生产效率低下。另一方面，农村土地经营分散，机械化的应用受到极大限制，也加大了农业集约化生产的难度。此外，农村土地生产经营分散，农业经营主体组织化程度不高，增加了农业产业的专业化、标准化生产难度，影响了农产品品质的一致性和稳定性。同时，由于缺乏组织性，难以对市场供求信息形成有效判断，产品的市场竞争力大打折扣。因此，农村土地分散经营不利于农业产业的集约化经营，严重地影响了农产品的市场竞争力。

## （三）制约农业综合效益提升，难以实现农业现代化

农村土地经营分散，严重影响了农业产业综合效益的提升，阻碍了现代农业的发展。农村土地分散经营，不利于提高农民的综合素质，难以培养出农业现代化的人才；农村土地分散经营，不利于农业产业的规划与发展，影响现代农业发展模式的形成；农村土地分散经营，不利于农业市场地位的建立，影响农业的市场竞争力。因此，必须改变农村土地分散经营现状，积极发展现代农业，实行规模化、集约化、产业化、专业化生产，才有可能促进农业产业综合效益的大幅提高，农民群众也才有可能实现收入的持续增长。因此，无论是促进农业效益的增加，还是推动农业的持续进步，都必须大力发展现代农业。

## 二、职业农民尚未形成影响农业水平，必须发展现代农业

农民是农业生产经营的主要参与者与具体实践者，其综合

素质的高低直接影响到农业的发展水平。随着城镇化与工业化的稳步推进，加之受农业效益低下的影响，大批农村青壮年离开农村进城务工，真正从事农业生产的主要是妇女和老人，有文化、懂技术的职业农民尚未形成。发展现代农业需要高素质的职业农民，也只有高素质的职业农民才能承担起现代农业的重任。

大批农村青壮年进城务工，妇女、儿童与老人留守农村，农业经营主体老龄化、青壮年农民普遍兼业化，严重影响了我国新型职业农民的有效形成，从而不利于现代农业科技与设备广泛应用，影响了农业产业的科技含量与水平。具体而言，一方面，大多数老人受传统的小农思想意识影响较深，学习应用现代农业科技与设备的积极性不够；另一方面，老年人的科学文化素质普遍偏低，学习、理解、记忆能力较差，农业科技与设备的实际运用能力不足。此外，老年人缺乏经济实力，基本上无力购买现代先进的农业生产设备。因此，应该大力发展现代农业，积极培育新型职业农民，以大幅提高农业产业发展的科技水平。

由于我国新型职业农民尚未形成，现有从事农业生产的人员绝大部分既没有能力也没有动力去研究农业的发展，因此，不可能形成现代农业经营的理念，从而严重影响到我国农业整体经营水平的提升。农业经营水平的提高需要以先进的生产经营理念为指导，以先进的技术设备为支撑，以高效的生产经营方式为保障。但无论是先进技术与设备的应用，还是生产高效经营方式的采用，都与农业经营主体的生产经营理念有关，均受其生产经营理念的深刻影响。由于我国新型职业农民尚未形成，现代农业生产经营理念难以推广，不仅增加了农业产业现代生产经营理念的推广难度，而且严重影响到农业产业整体经营水平的提升。

新型职业农民的培育与形成，有利于提高农业经营主体的整体素质，促进农业现代科技与设备的广泛运用和推广，从而对农业产业科技装备水平的大幅提升产生积极显著的影响；发展现代农业有利于培养现代农民，在现代农业经营模式下，从业人员能够接受现代农业经营思想和经营理念的熏陶，迅速成长为职业农民；发展现代农业有利于现代科学技术的推广应用，能促进高效生产经营模式的形成，对有效增强我国农业产业的竞争能力起到推动作用，从而培养出新型职业农民。反过来，新型职业农民的形成，又有利于农业科技水平的广泛应用和普及，有利于现代农业模式的形成与发展。因此，需要大力发展现代农业，积极培育新型职业农民，使两者之间形成一种良性的动态互动关系，相互促进，共同发展，为农业产业发展综合水平的显著提升创造有利条件。

### 三、农业污染现状堪忧影响农业发展，必须发展现代农业

我国农业产业发展面临着巨大的人口、资源和环境压力，化肥、农药等的大量施用成为提高土地产出水平的重要途径。而化肥、农药、农膜等的过度使用，又会造成严重的农业污染。进入新世纪，农业产业发展所面临的压力更为巨大，加之农民环保意识不强、农民环保能力有限、农业环保监控缺乏等因素的综合影响，进一步加深了农业产业对化肥、农药、农膜的依赖程度。我国农业污染问题日益突出、现状堪忧，严重影响着我国农业产业的可持续发展。因此，迫切需要大力发展现代农业，以改善农业污染现状，促进农业产业健康发展。

## （一）农民环保意识不强，农业污染频发，必须发展现代农业

农民环保意识不强是导致农业污染频发的重要原因之一，由于受科学文化程度的局限，加之农业环保的宣传工作尚待进一步加强，不少农民缺乏对农业环保的深刻了解与认识，难以在短时间内形成较强的农业环保意识，极易在农业生产过程中造成农业污染。而现代农业依靠先进的农业科技与设备，谋求社会效益、经济效益与生态效益的有机统一，以实现农业产业可持续发展为根本目标。因此，大力发展现代农业，有利于培养农民的环保意识，加深对农业环保重要性的理解与认识。从而增强环保的自觉性和主动性，促进农业产业持续健康发展。

## （二）农民环保能力有限，农业污染不断，必须发展现代农业

除了农业环保意识不强外，农民环保能力有限也是农业污染不断的重要原因之一。一方面，农民科学文化程度普遍偏低，农业环保技术与设备缺乏，客观上造成了农业环境污染。另一方面，农业比较效益低下，缺乏投资环保的经济实力，主观上不愿意把资金过多地投入到环保上，也加剧了环境的污染。发展现代农业可以充分发挥现代农业的经营模式、技术与设备的优势，减少对化肥、农药的过分依赖，兼顾社会效益、经济效益与环保效益，从而可以对农业污染起到较好的预防作用。同时，现代农业的经营模式，有利于培养和提高农民的环保意识，有利于农业环保技术与设备的广泛使用，从而有效减少农业污染。此外，发展现代农业，有利于农民收入水平和综合素质的提高，促进农民环保意识的增强，从而有效地控制和减少农业污染。

### （三）农业环保监控缺乏，农业污染严重，必须发展现代农业

我国目前还缺乏有效的农业环保监控措施，农业生产基本处于放任自流的状况。农民在利益的驱使下，很少考虑污染问题。加上，化肥、农药、激素虽然有污染的一面，同时具有见效快、成本低、效益高的特点，在缺乏有效监督的情况下，必然会被广泛使用，客观上加剧了农业污染。而且我国农业经营主体分散，不便集中管理，给监管工作带来了困难，给农业污染留下了空间。发展现代农业，实行集约经营，有利于科学的经营理念的形成，有利于科学的管理规范的推广应用，有利于农业环保监控体系的建立与完善，从而提高农业环保监控效率，提高农产品的品质和安全性。

## 第四节　现代农业经营主体

农民要致富，关键在思路。家庭农场、农民合作社、龙头企业和专业大户都是职业农民奔小康的新出路。

随着农村劳动力大量向城镇转移，谁来种地的问题凸显。通过培育新的农村生产经营主体，形成规模化、专业化、集约化和市场化的现代农业生产经营方式，是解决农村劳动力不足和土地撂荒的根本出路，同时，也为职业农民如何开展农业生产经营提供了更多的选择。

2014年中央"一号文件"中对新型农业经营主体的界定有三句话：一是鼓励发展专业合作、股份合作等多种形式的农民合作社；二是按照自愿原则开展家庭农场登记；三是鼓励发展混合所有制农业产业化龙头企业。具体来讲，农业经营主体主

要有以下几种类型。

## 一、新型职业农民

**【案例】**

从农民身份向职业农民的转变

——摘自 2014 年 1 月 22 日《农民日报》08 版

现年 50 岁的胡建新是湖北省荆州市公安县闸口镇榨岭新村村民，1981 年高中毕业后回乡务农。2009 年，胡建新流转了村里 720 亩（15 亩 = 1 公顷。全书同）农田，加上自己原有的承包地，种植面积达到了 762 亩。他先后投入 60 多万元添置灌溉设备，对低湖田进行土地平整，开挖沟渠，改善基本生产条件。

老胡的飞跃主要得益于职业农民培训工程。2012 年，公安县被确定为全国新型职业农民培育试点县后，该县农业局把胡建新纳入重点培育对象，在科技培训、技术指导、新品种、新技术、新模式等方面加大扶持力度。该县利用"阳光工程"职业技能培训、专项技术培训资金对他进行农业科学技术知识培训；通过各项优农、惠农政策扶持，帮他筹措了 20 多万元资金对土地进行改良。县农业局技术人员随叫随到，亲自上门服务，帮助老胡从选用优质品种从事种植、进行生产技术指导和病虫害防治，到帮助他与当地大型粮食加工企业签订订单收购协议，彻底为他解决了粮食生产和销售中面临的问题。2013 年，胡建新农田全年种植养殖纯收入达 74.84 万元。

胡建新靠种植发了家，也带动了乡亲共同致富。几年来，他通过"传、帮、带"的方式，手把手地给村民传授技术，带出了 20 多个种田大户。在他的带动帮扶下，梓岭新村涌现出一批种植能手。

胡建新成功地在农业经营中发家致富，还带动了乡亲们走上共同富裕的路子。他的成功不是偶然的，也不仅仅是靠吃苦流汗。在政府相关部门的辅导下，他从一个普通的农民成为了懂政策、有技术、会管理、熟市场的职业农民。

党的"十八大"报告指出，解决好农业农村农民问题是全党工作重中之重，要坚持工业反哺农业、城市支持农村和多予少取放活方针，加大强农惠农富农政策力度，让广大农民平等参与现代化进程、共同分享现代化成果。2014 年中央"一号文件"提出，要加大对新型职业农民和新型农业经营主体领办人的教育培训力度。近几年来，对职业农民的培育越来越受到社会各界的重视，农业部更提出了三年内培养 100 万职业农民的目标。

## （一）职业农民的出现

长期以来，我国实行二元结构户籍制度，出现了"农业户口"与"非农业户口"两种户籍制度，农业户口就成了农民身份的标志，即便你在外从事非农业工作数十年，只要身份没有变更，社会仍然会认为你是农民，所以户口成为界定农民与非农民的不可逾越的铁丝网。如今，随着农业产业化和新型城镇化的不断推进，农民这个词的含义也开始发生了变化。农民已经不再是身份的标志，而逐渐成为农业产业从业人员的一种类别，即一种职业。

什么是职业农民？职业农民是指具有科学文化素质、掌握现代农业生产技能、具备一定经营管理能力，以农业生产、经营或服务作为主要职业，以农业收入作为主要生活来源，居住在农村或集镇的农业从业人员。

农业是一种最古老的职业，它是早期人类社会生存的基本职业之一。人类存活就必须需要食物，光狩猎是无法满足生存需要的，因此，人类发展很大程度上是由农业这个古老的职业来决定的。自从人类进入了阶级社会以后，随着职业分工和等级制度实施，特别是进入了工业化发展之后，农民的地位随着农业产业比重的下降不那么重要了，社会地位也不那么受人重视了，人们的观念中轻农的意识越来越普遍了。这些不正确的认识和观念由于二元结构的户籍制度而更加严重。

改革开放 30 多年来，中国经济最大的变化之一就是农业、农村的变化，种地的职业化要求越来越明显。联产承包责任制极大地激发了农民的生产热情，改变了中国农业面貌。但是，由于家庭经营土地规模狭小，农业的效益越来越难以养活数以亿计的农民，大量的农民转移到城市，一部分土地向种田大户集中，目前又开始向合作社集中。城市市场的需求对农业的影响也越来越大，地越来越不好种，很多农民辛苦一年，收入还抵不了生产的投入。所以，传统的面朝黄土背朝天的辛苦付出不行了，手上的老茧已经拼不过嘴上的名词了。这说明，中国的农民也真正到了职业化的转变阶段。职业农民，或者说职业的种地人群体呼之欲出。

**（二）培育新型职业农民是历史的必然，是时代的呼唤**

农民职业化是历史的必然，是时代的呼唤。中央提出培育新型职业农民不是偶然的，既是解决现实问题的需要，也是未来经济社会发展的必然要求。

1. 现实问题——"谁来种地"

自 21 世纪以来，随着我国农村青壮年劳动力大规模从农业转向非农业，从乡村流动到城镇，"谁来种地"问题日益突出。一是"人走村空"问题愈演愈烈。据统计，2014年农民工总数已达到2.73亿人，第一产业就业人员占全国就业人员的比例下降到31.4%。农村青壮年劳动力大量持续转移导致农村住房闲置、土地撂荒、基础设施报废，村庄空心化对农业农村发展造成巨大障碍。二是"老人农业、妇女农业、小学农业"问题日益凸显。农业部固定观察点抽样调查显示，目前我国农业劳动力年龄偏大，女性偏多，总体素质偏低。从年龄看，农业劳动力年龄主要集中在40岁以上，占全部从事农业生产人数的75.9%，平均年龄接近50岁，部分地区甚至达到55岁以上，妇女约占63%左右；从文化程度看，初中及以下文化程度的占83%，接受教育的平均年限为7.3年，2012年农业劳动力中，接受过农业技术教育的仅占5.6%，接受过农业培训的也只有12%。三是农业后继乏人问题步步紧逼。统计调查表明，目前愿意在城镇定居的农民工高达91.2%，年龄越小的农民工越不愿意回农村，只有7.7%的新生代农民工愿意回农村定居，"90后"农民工群体仅3.8%愿意回乡务农。越来越多的农村年青人选择离开农村、进城打工生活，即使留在农村也不愿意种地或不会种地。

2. 发展问题——实现"强美富"

"中国要强，农业必须强，中国要美，农村必须美，中国要富，农民必须富"。实现"强美富"农字头的中国梦，做强农业是基础和关键。

近年来，农业发展在国家强农惠农富农政策推动下取得令世界瞩目的成就，粮食生产实现十一年连续增长，我们用10%的耕地、6%的淡水养活着世界20%的人口，提供了世界25%的粮食。但农业进一步发展受到"成本地板"抬升和"价格天花板"的双重挤压,以及人口增长、消费结构升级、耕地减少、环境承载能力的刚性制约。做强农业,必须要尽快从追求产量和依赖资源消耗的粗放经营转到数量效益并重,注重提高竞争力、注重农业科技创新、注重可持续的集约发展上来,提高农业全要素生产力,提高土地产出率、资源利用率、劳动生产率。人是最活跃最积极的生产要素,一切科技成果、基础设施、技术装备最终都要靠农民使用才能发挥作用。做强农业归根到底要依靠高素质的,具有生产、加工、销售、服务全产业链能力的新型职业农民。

3. 农民问题——改变农民命运

农民依然不能享受与城镇居民同等的国民待遇,是依然有明显身份特征的弱势群体。要从根本上改变农民命运必须要使农民职业化。从农民收入角度看,主要源于四大构成,即家庭经营收入、工资性收入、财产性收入和转移性收入。其中家庭经营是与土地紧紧连在一起,是农民最熟悉,最能体现农业特点,最能激发农民创业兴业的内生动力。保持一亩三分地式的超小家庭经营规模,农民永远富不了,必须要走适度规模经营之路,必然要求成为职业农民。从民生的角度看,就业是民生之本,是社会稳定之基。现在从事第二、第三产业是职业,而在农村从事种养业就是身份,就业不公平是最大的不公平,是影响社会稳定的最大隐患。回归农民的职业属性,迫切需要培育新型职业农民,推进农民职业化进程。从资源配置角度看,农村土地、资金和人力外流严重,有人称之为三大抽水机。相比而言,人力流失最为关键。实现城乡要素公平交换,人是核心,人才是第一资源,人才具有强大的要素聚集能力。农业农村要有一大批兴业创业的优秀人才，才能起到引领要素回流。

### （三）新型职业农民培育政策

政府对职业农民的培育高度重视。2005 年，农业部在《关于实施农村实用人才培养"百万中专生计划"的意见》中首次提出培养职业农民。2006 年年初，农业部进一步提出招收 10 万名具有初中以上文化程度，从事农业生产、经营、服务以及农村经济社会发展等领域的职业农民，把他们培养成有文化、懂技术、会经营的农村专业人才。2007 年 1 月，《中共中央国务院关于积极发展现代农业扎实推进社会主义新农村建设的若干意见》首次正式提出培养"有文化、懂技术、会经营"的新型农民。2007 年 10 月，新型农民的培养问题写进党的十七大报告。尽管提法不同，其实职业农民、新型农民提出的目的都是一致的，既有区别，也有联系。希望能够通过政府推动、产业吸引、农民转型，逐步把中国的农业从业者培养成为从事农业生产和经营，以获取商业利润为目的的职业群体。

### （四）职业农民与传统农民的最大区别

我们认为，最大区别在于传统农民种地只知道如何把地种好，而今天的农民不能仅仅是把地种好，最重要的是把地里的产品卖好，求得一个好收成。按照收成的需求种地是职业农民最重要的专业素养。这也就是为什么现在很多农民感叹自己突然不会种地的道理。所以，传统农民向专业农民转变必须做到从面向黄土到面向市场。但面向市场的转变，对传统的农民来说可能是非常困难的。从整体情况看，农民对市场的不适应还非常明显。

### （五）新型职业农民的分类

按照农业部的规划，培育新型职业农民，主要分为 3 类，见表 1 - 1。

表 1 - 1　新型职业农民的分类

| 类型 | 基本要求 |
| --- | --- |
| 生产型职业农民 | 要掌握一定的农业生产技术，有较丰富的农业生产经验，直接从事园艺、鲜活食品、经济作物、创汇农业等附加值较高的农业生产活动 |
| 服务型职业农民 | 要掌握一定农业服务技能，并服务于农业产前、产中和产后各种社会化服务活动 |
| 经营型职业农民 | 要有一定资金或技术，掌握农业生产技术，有较强的农业生产经营管理经验，主要从事农业生产的经营管理工作 |

## （六）新型职业农民应具备的基本能力

新型职业农民是现代农业从业者。培训职业农民要深入研究现代农业特别是现代农业产业发展的要求，按照专业化、集约化、规模化的现代农业生产经营要求和家庭农场的经营管理模式，把现代经营理念和核心生产技术培训结合起来，把生产过程管理和市场营销策略结合起来，把家庭经营水平和合作社经营管理结合起来，把提高收入能力和创业能力结合起来，把政策法律运用和公共关系协调结合，以熟练掌握职业技能和提升经营能力为基本目标。不同类型的职业农民应该有不同的培训要求，知识结构和技能结构都是不一样的。不过，对于职业农民来说，首先是要把握最基本的素质要求。我们认为，合格的职业农民一定要具备以下基本的能力。

1. 政策解读能力

政府十分重视"三农"问题，每年都会围绕"三农"问题出台系列优惠政策。这些政策的核心就是为农民创造良好的外部发展环境。政策通常会涉及三农问题的方方面面。有的政策可能会给农民带来直接的利益，有的政策可能会帮助农民得到更多的资源，有的政策可能会使农民得到更多的协助，有的政策则可能让农民避免损失。所以经营农业，必须了解和运用各种有利的政策。

### 2. 客户需求理念

今天的农业已经是市场化程度很高的产业，不能仅仅埋头种地，必须了解现在种地是为客户服务，而不仅仅是为了自己卖点农产品。只有符合客户的需求，种地的结果才可能是理想的。现在对农产品的需求已经发生了根本的变化，安全、健康、新奇、独特、有机甚至观感、休闲等都是客户的需求点，中国的和外国的客户之间可能还有很多文化上的差异。以客户需求为导向，这应该是新型职业农民与传统农民之间最大的思想差别。也只有把客户的需求理念植根于头脑中，才有做一个合格职业农民的基础。

### 3. 技术学习能力

科学技术在农业中的应用越来越广泛，今天经营农业要真正满足客户的需要，技术是非常重要的要素。例如，要满足客户对有机农产品的需求，必须掌握有机种植技术；要满足客户对产品口感的要求，就要在种植过程中调整水、肥、阳光以及其他种植方式，以使产品保持特定的味道；要满足客户的猎奇心理，就要不断学习新的种植技术和方法，或者引入新的品种，或者得出新的效果。总之，不同的种植项目会有不同的技术。农业是一种养护生命的产业，其技术的复杂程度既要依赖于标准化的技术推广，也要依赖种植者不断地总结提升。所以，职业农民不仅仅是学习1~2门技术，重要的是有较强的技术学习能力，能够不断吸收新的技术方法，不断提升自己的种植水平。

4. 信息运用能力

我们今天的社会完全是一个互联网社会。一张看不见的网络把世界连为一体，所以，有本书叫《世界是平的》，在全世界畅销。这个网络加上全球经济一体化，让我们无论处于世界的哪一个角落，无论从事什么产业，都不能脱离信息社会。现代农业不仅已经产业化、集约化，而且已经全球化、信息化。所以，今天作为一个职业农民，要胸怀全球，即随时要关注相关的信息，善于利用互联网，了解互联网带来的信息渠道的扩展和商业模式的变革。

5. 创业发展能力

从本质上说，职业农民不是简单的种地，也不是简单的卖农产品，而是在经营农业，或者说经营一个事业，因此他更多的是一个创业者。随着家庭农场制度的完善和农民合作社逐步的普及，职业农民不仅可能是一个农场主，还可能是一个合作社的管理者。所以，创业发展能力是一种综合能力，是以上几乎能力的集大成。对职业农民来说，创业过程可能与城市创业者有很大的不同，除了农业作为一个弱势产业会有一些先天不足以外，更重要的可能还是职业农民在创业路上碰到的困难会更多。农村依然是能人社会，一个职业农民很有可能就是一个村比较有能力的人，天然地扮演领导者的角色，既要照顾好自己的土地，又要带头示范，还要学会经营管理，几乎样样都要懂。所以，作为一个职业农民，要有战略头脑、市场眼光、核心技术、管理手段，还要有克服困难的毅力和成就事业的恒心。

正如篇首的案例所示，农民的职业化不仅对中国农业的发展有重要的意义，而且对农民自身更有着现实的利益。培育职业农民实际上就是国家促进农民致富的新措施和新政策。胡建新的成功为广大农民树立了榜样，也为职业农民描绘了美好的前景。

## （七）抓住机遇大力推进新型职业农民培育实践与探索

培育新型职业农民是时代赋予我们的光荣历史使命，农民职业化将伴随农业现代化的整个历史过程，需要付出长期的艰苦努力。

### 1. 培育新型职业农民已上升为国家战略

中央高度重视培育新型职业农民。自 2012 年中央"一号文件"首次提出要大力培育新型职业农民后，中央经济工作会议、政府工作报告、国务院职业教育改革发展决定、中共中央办公厅国务院办公厅《关于引导农村土地经营权有序流转发展农业适度规模经营的意见》等一系列重要会议和文件对新型职业农民培育都有明确部署和要求。中央领导也相继作出重要指示，习近平总书记指出："以吸引年轻人务农、培育职业农民为重点，建立专门政策机制，构建职业农民队伍，形成一支高素质农业生产经营者队伍，为农业现代化和农业持续健康发展提供坚实人力基础和保障。"李克强总理指出："农业科技成果最终是由农民使用的，要在提高农民科技文化素质、培育新型职业农民上下功夫。要加快发展农业职业教育和成人教育，逐步建立有效的农民免费培训制度；加大对大中专院校农林类专业学生的助学力度，鼓励更多青年人学农务农，使农业后继有人。"汪洋副总理指出："农业要依靠创新驱动，把各种先进生产要素引进和注入农业，尤其要培养造就新型农民队伍。"这都表明新型职业农民培育已上升为国家意志和战略，为我们开展工作提供了坚强的领导和组织保障。现实和发展需要、中央重视、经济社会条件具备，为推进新型职业农民培育提供了重大机遇。

## 2. 加快建立新型职业农民培育制度

农业部党组对新型职业农民培育工作高度重视，2012 年农业部按照中央关于大力培育新型职业农民的部署要求，印发试点工作方案，举办试点启动暨研讨班，在全国 100 个县开展试点工作，并在试点取得积极成效的基础上，2014 年农业部、财政部决定组织实施新型职业农民培育工程，在全国遴选 2 个示范省、14 个示范市和 300 个示范县，作为新型职业农民培育重点示范区，发挥示范带动作用。新型职业农民培育工程主要有三大任务：一是加快构建"三位一体、三类协同、三级贯通"的新型职业农民培育制度；二是依托全国农业广播电视学校，建设一主多元的农民教育培训体系；三是着力培养一支有文化、懂技术、会经营的新型职业农民队伍，为发展现代农业提供人才保障。韩长赋部长明确指出："大力培育新型职业农民是解决'谁来种地、如何种好地'问题的根本途径，是深化农村改革、构建新型农业经营体系的重大举措。顺应现代农业发展需要，对阳光工程进行转型升级，启动实施新型职业农民培育工程，必将掀开我国农民教育培训制度化建设的新篇章。各级农业部门要加强组织管理，强化责任意识，充分发挥'一主多元'教育培训体系的作用，积极探索新型职业农民培育的新机制新模式，并把培育新型职业农民和培育新型农业经营主体有机结合起来，切实把这一关系现代农业发展的基础性工程、战略性工程抓好、抓实、抓出成效，推动现代农业发展迈上新台阶。"

## 二、专业大户

专业大户是统指那些种植或养殖生产规模明显大于当地传统农户的专业化农户，具体表现在某一农业产业收入占 50% 以上的农户，或者流转了别人的土地达到一定规模，或者养殖业达到一定规模，但区别并不严格。

【案例】

河南南阳对专业大户的规定是：①从事种植业（包括种粮大户、种草大户、种果大户、特色种植大户、苗木大户），种植面积 50 亩以上。②从事"四荒"开发大户，面积在 200 亩以上。③从事养殖业大户，养奶牛 10 头以上，肉牛 50 头以上，羊 200 只以上，鸡 5 000 只以上，猪 200 头以上。④从事农产品营销大户，年销售额在 50 万元以上。⑤从事农产品加工大户，资产规模达到 50 万元以上。

【案例】

重庆市万州区对专业大户分类进行规定，按照种植业、养殖业、加工业和其他四类分别设定条件。如养殖业：实行专人专业化养殖，具备规模养殖所需的基本条件（有房舍、池塘、饲料、饲草资源、技术等），并符合下列条件之一即可。①年饲养奶牛 10 头以上，肉牛 30 头以上，山羊 50 只以上，商品猪年出栏 100 头以上，兔常年饲养量 200 只以上，年饲养家禽 2 000 只以上，年饲养要 10 张以上，养鱼 5 吨以上。②自产农产品年综合销售收入人均 1 万元以上。又如其他分类的条件有：a. 服务对象以万州内的农业、农村、农民为主，包括农用生产资料供应、农副产品贩运（不含纯运输业）、农业机械化服务、农业科技信息咨询服务等，年经营收入人均 3 万元以上。b. 农村劳务经纪人年输送劳务在 100 人以上。

### 三、家庭农场

### （一）什么是家庭农场

家庭农场原指欧美国家的大规模经营农户。2007 年党的十七届三中全会提出，在有条件的地方可以发展家庭农场。由此家庭农场成为我国新型农业经营主体的一个重要类型，见表1-2。

表1-2  家庭农场的定义与条件

| 文件 | 《农业部关于做好2013年农业农村经济工作的意见》（农发〔2013〕1号） |
|---|---|
| 定义 | 以家庭成员为主要劳动力，从事农业规模化、集约化、商品化生产经营，并以农业为主要收入来源的新型农业经营主体 |
| 条件 | ①家庭农场经营者应具有农村户籍（即非城镇居民）；②以家庭成员为主要劳动力，即无常年雇工或常年雇工数量不超过家庭务农人员数量；③以农业收入为主，即农业净收入占家庭农场总收益的80%以上；④经营规模达到一定标准并相对稳定。即从事粮食作物的，租期或承包期在5年以上的土地经营面积达到50亩（一年两熟制地区）或100亩（一年一熟制地区）以上；从事经济作物、养殖业或种养结合的，应达到当地县级以上农业部门确定的规模标准；⑤家庭农场经营者应接受过农业技能培训；⑥家庭农场经营活动有比较完整的财务收支记录；⑦对其他农户开展农业生产有示范带动作用。 |

由此看出，家庭农场的基本特点是土地经营规模较大、土地流转关系稳定、集约化水平较高、管理水平较高等。和一般专业大户相比，家庭农场在集约化水平、经营管理水平、生产经营稳定性等方面做了进一步的要求。专业大户和家庭农场仍然属于家庭经营。

**（二）经营家庭农场的好处**

①家庭农场整合应用了先进的农业科技、良种、良法、农机作业，示范推广了农业高新科技，节约了生产成本。

②家庭农场参加了农业保险，增强了抵御自然灾害的能力。它得到政府扶持资金，能不断扩大种养殖规模，提高经济效益，

增加示范效应。

③家庭农场按有机农业标准化技术生产，应用安全放心农资，生产出的农产品有机、环保、吃得放心，有订单，不愁销路，种出的农产品能获得很好的经济效益。

④创办人通过租赁获得农民的土地，家庭农场使闲置的土地发挥了最大效益。

⑤家庭农场是现代农业的发展方向，是进一步加快农业发展，示范推广农业新科技，提高科技贡献率的有效途径。

**（三）家庭农场的扶持政策**

（1）上海松江区：①农资综合直补76元/亩；②水稻种植补贴150元/亩；③土地流转费补贴100元/亩，面积以80～200亩为标准；④家庭农场生产管理考核补贴100元/亩，全年分两次考核，根据考核结果确定补贴标准；⑤绿肥种植补贴200元/亩。物化补贴：①药剂补贴22.5元/亩；②水稻良种补贴常规稻16元/亩、杂交稻25元/亩；③二麦种子补贴小麦35元/亩，大麦35元/亩；④绿肥种子补贴（以实物形式发放）。

（2）吉林延边：①对家庭农场贷款贴息；②注册登记的家庭农场可享受到各项国家农业财政补贴政策；③对水田、蔬菜和经济作物种植面积 $50hm^2$ 以上、旱田 $100hm^2$ 以上的家庭农场，扩大到一次性享受5台农机购置补贴；④对家庭农场农作物保险给予补贴；⑤加大资金支持力度；⑥实施税收优惠政策；⑦家庭农场经营者可以使用集体土地建设生产经营用临时建筑物。

（3）武汉：可获财政补贴4万元，采用先建后补形式发放。

**（四）经营家庭农场的思路**

要成为一个合格的农场主，不仅要有资金，还要懂技术，以及具备与众不同的经营思路。

一是要找准特色定位，针对当地的农业资源，选择最适合自己发展的种植业或者畜牧业，当地政府也应做好相应的服务工作，帮助农民找准定位。

二是管理者要找"内行"，无论是家庭成员，还是请人帮工，都要让专业的人来做事，一个对农业一窍不通的城里人是不可能搞好农场的。

三是要熟悉市场运作，事先就要搭建好销售渠道，避免"菜贱伤农"。

四是要舍得投入基础设施，事先要有谋划，对于水利、电力、沟渠等设施要有规划，最好做一份计划书。

五是要充分利用好农业政策。最新的中央一号文件称，要增加农业补贴资金规模，新增补贴要向主产区和优势产区集中，向专业大户、家庭农场、农民合作社等新型生产经营主体倾斜。

# 第二章 现代农业发展是国家经济发展战略

现代农业发展是国家经济发展的重要战略，是城乡一体化战略、"四化同步"发展战略的重要内容，关系到国家全面深化改革发展的成败。加快发展现代农业既是转变经济发展方式、全面建设小康社会的重要内容，也是提高农业综合生产能力、增加农民收入、建设美丽乡村的必然要求。正确解读《全国现代农业发展规划》，领会国家现代农业发展战略，对于全面深化改革开放，促进改革健康发展具有重要意义。

## 第一节 国家现代农业发展的概述

### 一、国家现代农业发展的指导思想

按照在工业化、城镇化深入发展中同步推进农业现代化的要求，坚持走中国特色农业现代化道路，以转变农业发展方式为主线，以保障主要农产品有效供给和促进农民持续较快增收为主要目标，以提高农业综合生产能力、抗风险能力和市场竞争能力为主攻方向，着力促进农业生产经营专业化、标准化、规模化、集约化，着力强化政策、科技、设施装备、人才和体制支撑，着力完善现代农业产业体系，提高农业现代化水平、农民生活水平和美丽乡村建设水平，为全面建设小康社会和国家现代化建设提供具有决定性意义的基础支撑。

## 二、国家现代农业发展的基本原则

### (一) 坚持确保国家粮食安全

坚持立足国内实现粮食基本自给的方针,实行最严格的耕地保护和节约用地制度,加强农业基础设施建设,着力提高粮食综合生产能力,加快构建供给稳定、储备充足、调控有力、运转高效的粮食安全保障体系。

### (二) 坚持和完善农村基本经营制度

在保持农村土地承包关系稳定并长久不变的前提下,推进农业经营体制机制创新,坚决防止以发展现代农业为名强迫农民流转土地承包经营权、改变土地农业用途,切实尊重农民意愿,维护农民利益。

### (三) 坚持科教兴农和人才强农

加快农业科技自主创新和农业农村人才培养,加快农业科技成果转化与推广应用,提高农业物质技术装备水平,推动农业发展向主要依靠科技进步、劳动者素质提高和管理创新转变。

### (四) 坚持政府支持、农民主体、社会参与

强化政府支持作用,加大强农惠农富农力度,充分发挥农民的主体作用和首创精神,引导和鼓励社会资本投入农业,凝聚各方力量,合力推进现代农业发展。

### (五) 坚持分类指导、重点突破、梯次推进

进一步优化农业生产力布局,因地制宜地采取有选择、差别化扶持政策,支持主要农产品优势产区建设,鼓励有条件地区率先实现农业现代化,推动其他地区加快发展,全面提高农

业现代化水平。

### 三、国家现代农业发展的发展目标

到 2015 年，现代农业建设取得明显进展。粮食等主要农产品供给得到有效保障，农业结构更加合理，物质装备水平明显提高，科技支撑能力显著增强，生产经营方式不断优化，农业产业体系更趋完善，土地产出率、劳动生产率、资源利用率显著提高，东部沿海、大城市郊区和大型垦区等条件较好区域率先基本实现农业现代化。

展望 2020 年，现代农业建设取得突破性进展，基本形成技术装备先进、组织方式优化、产业体系完善、供给保障有力、综合效益明显的新格局，主要农产品优势区基本实现农业现代化。

# 第二节　国家现代农业发展的重点任务

## 一、完善现代农业产业发展体系

### （一）稳定发展粮食和棉油糖生产

稳定粮食播种面积，优化品种结构，提高单产和品质，加强生产能力建设，确保国家粮食安全。实施全国新增千亿斤粮食生产能力规划，将粮食生产核心区和非主产区产粮大县建设成为高产稳产商品粮生产基地。积极推进南方稻区"单改双"，扩大东北优势区粳稻种植面积，稳步推进江淮等粳稻生产适宜区"籼改粳"。稳定小麦面积，发展优质专用品种。稳定增加玉米播种面积，积极恢复和稳定大豆种植面积，着力提高单产水平。积极开发和选育马铃薯优质专用高产品种，提高脱毒种薯供给能力。继续加强优质棉花生产基地建设，稳定发展油糖生产，多油并举稳定食用植物油自给率，基本满足国内棉花消费需求，实现糖料基本自给。

## （二）积极发展"菜篮子"产品生产

加强蔬菜水果、肉、蛋、奶、水产品等产品优势产区建设，扩大大中城市郊区"菜篮子"产品生产基地规模，建设海南冬季瓜菜生产基地等国家南菜北运重点生产基地。推动苹果、柑橘等优势园艺产品生产，稳定发展生猪和蛋禽，加快发展肉禽和奶牛，稳定增加水产品养殖总量，扶持和壮大远洋渔业。

## （三）大力发展农产品加工和流通业

加强主要农产品优势产区加工基地建设，引导农产品加工业向种养业优势区域和城市郊区集中。启动实施农产品加工提升工程，推广产后贮藏、保鲜等初加工技术与装备；大力发展精深加工，提高生产流通组织化程度，培育一批产值过百亿元的大型加工和流通企业集团。强化流通基础设施建设和产销信息引导，升级改造农产品批发市场，支持优势产区现代化鲜活农产品批发市场建设，大力发展冷链体系和生鲜农产品配送。发展新型流通业态，推进订单生产和"农超对接"，落实鲜活农产品运输"绿色通道"政策，降低农产品流通成本。规范和完善农产品期货市场。

## 二、强化农业科技人才队伍支撑

## （一）增强农业科技自主创新能力

明确农业科技的公共性、基础性、社会性地位，加强基础性、前沿性、公益性重大农业科学技术研究，强化技术集成配套，着力解决一批影响现代农业发展全局的重大科技问题。加快农业技术引进消化吸收再创新步伐，加强农业科技领域国际合作。改善农业科研条件，调整优化农业科研布局，加强农业科研基地和重点实验室建设，完善农业科技创新体系和现代农业产业技术体系，启动实施农业科技创新能力建设工程。组建一批产业技术创新战略联盟和国家农业科技园区。完善农业科技评价机制，激发农业科技创新活力。

### （二）大力发展现代农作物种业

整合种业资源，培育一批具有重大应用前景和自主知识产权的突破性优良品种，建设一批标准化、规模化、集约化、机械化的良种繁育和生产基地，打造一批育种能力强、生产加工技术先进、市场营销网络健全、技术服务到位的现代种业集团。构建以产业为主导、企业为主体、基地为依托、产学研相结合、育繁推一体化的现代种业体系，提升种业科技创新能力、企业竞争能力、供种保障能力和市场监管能力。实施好转基因生物新品种培育重大专项，加快发展生物育种战略性新兴产业。

### （三）加快农业新品种新技术转化应用

加快优质超级稻、专用小麦、高油大豆、耐密玉米、双低油菜、杂交棉花、高产高糖甘蔗等新品种推广，加强小麦"一喷三防"（喷施叶面肥，防病虫害、防早衰、防干热风）、水稻大棚和工厂化育秧、玉米地膜覆盖、棉花轻简育苗移栽、甘蔗健康种苗、机械化深松整地、膜下滴灌、水肥一体化、测土配方施肥、耕地改良培肥、农作物病虫害专业化统防统治、秸秆综合利用、快速诊断检测等稳产增产和抗灾减灾关键技术的集成应用。推进联合育种，加快畜禽水产遗传改良进程。创新农业技术推广机制，大规模开展高产创建，在有条件地区实行整乡整县（场）推进，力争实现优势产区和主要品种全覆盖。大力推动精准作业、智能控制、远程诊断、遥感监测、灾害预警、地理信息服务及物联网等现代信息技术在农业农村的应用。

### （四）壮大农业农村人才队伍

以实施现代农业人才支撑计划为抓手，大力培养农业科研领军人才、农业技术推广骨干人才、农村实用人才带头人和农村生产型、经营型、技能服务型人才。围绕农业生产服务、农村社会管理和涉农企业用工等需求，加大农村劳动力培训阳光工程实施力度。大力发展农业职业教育，加快技能型人才培养，培育一批种养业能手、农机作业能手、科技带头人等新型农民。支持高校毕业生和各类优秀人才投身现代农业建设，鼓励外出务工农民带技术、带资金回乡创业。

## 三、改善农业基础设施设备条件

### （一）大规模开展高标准农田建设

按照统筹规划、分工协作、集中投入、连片推进的思路，拓宽资金渠道，加大投入力度，大规模改造中低产田，建设旱涝保收高标准农田。加快大中型灌区、排灌泵站配套改造，新建一批灌区，大力开展小型农田水利建设，增加农田有效灌溉面积。加强新增千亿斤粮食生产能力规划的田间工程建设，开展农田整治，完善机耕道、农田防护林等设施，推广土壤有机质提升、测土配方施肥等培肥地力技术。完善高标准农田建后管护支持政策和制度，延长各类设施使用年限，确保农田综合生产能力长期持续稳定提升。

### （二）改善养殖业生产条件

加速培育一大批设施完备、技术先进、质量安全、环境友好的现代化养殖场。加快实施畜禽良种工程，支持畜禽规模化养殖场（小区）开展标准化改造和建设。加大内蒙古自治区、青海、甘肃、新疆维吾尔自治区、西藏自治区和川西北等牧区草原畜牧业生产建设投入，加快草原围栏、棚圈和牧区水利建设，配套发展节水高效灌溉饲草基地。健全水产原良种体系，开展池塘标准化改造，建设水产健康养殖示范场。加强渔港和渔政执法能力建设。

### （三）加快农业机械化

全面落实农机具购置补贴各项管理制度和规定，加强先进适用、安全可靠、节能减排、生产急需的农业机械研发推广，优化农机装备结构。加快推进水稻栽插收获和玉米收获机械化，重点突破棉花、油菜、甘蔗收获机械化瓶颈，大力发展高效植保机械，积极推进养殖业、园艺业、农产品初加工机械化，发展农用航空。加快实施保护性耕作工程。大力发展设施农业。支持农用工业发展，提高大型农机具和农药、化肥、农膜等农资生产水平。

### （四）加强农业防灾减灾能力建设

加快构建监测预警、应变防灾、灾后恢复等防灾减灾体系。建设一批规模合理、标准适度的防洪和抗旱应急水源工程，提高防汛抗旱减灾能力。开展应对与适应气候变化、气候资源高效利用等重大技术研发应用，强化气象灾害、草原火灾监测预警预报和信息发布系统建设，加快国家人工影响天气综合基地和重点地区人工增雨抗旱防雹工程建设。加强种子、饲草料等应急救灾物资储备调运条件建设，推广相应的生产技术和防灾减灾措施，提高应对自然灾害和重大突发事件能力。

### 四、增强农产品质量和安全保障

#### （一）大力推进农业标准化

以农兽药残留标准为重点，加快健全农业标准体系。以园艺产品、畜产品、水产品等为重点，推行统一的标准、操作规程和技术规范。集中创建一批园艺作物标准园、畜禽养殖标准化示范场和水产健康养殖示范场，加强国家级农业标准化整建制推进示范县（场）建设。加快发展无公害农产品、绿色食品、有机农产品和地理标志农产品。

#### （二）加强农产品质量安全监管

健全国家、省、市（地）、县（场）四级投入品和农产品质量安全监管体系。完善投入品登记、生产、经营、使用和市场监督等管理制度，完善农产品质量安全风险评估、产地准出、市场准入、质量追溯、退市销毁等监管制度，健全检验检测体系。建立协调配合、检打联动、联防联控、应急处置机制。实行农产品产地安全分级管理。推动农产品生产、加工和流通企业建立诚信制度。

### 五、提高农业产业化规模化水平

#### （一）推进农业产业化经营跨越式发展

制定扶持农业产业化龙头企业发展的综合性政策，启动实施农业产业化经营跨越发展行动。按照扶优、扶大、扶强的原则，选择一批经营水平好、经济效益高、辐射带动能力强的龙头企业予以重点扶持。依托农产品加工、物流等各类农业园区，选建一批农业产业化示范基地，推进龙头企业集群发展。引导龙头企业采取兼并、重组、参股、收购等方式，组建大型企业集团，支持龙头企业跨区域经营，提升产品研发、精深加工技术水平和装备能力。鼓励龙头企业采取参股、合作等方式，与农户建立紧密型利益联结关系。

### （二）强化农民专业合作社组织带动能力

广泛开展示范社建设行动，加强规范化管理，开展标准化生产，实施品牌化经营。加大合作社经营管理人员培训培养力度，加强合作社辅导员队伍建设。支持农民专业合作社参加农产品展示展销活动，与批发市场、大型连锁超市以及学校、酒店、大企业等直接对接，建立稳定的产销关系。鼓励农民专业合作社开展信用合作，在自愿基础上组建联合社，提高生产经营和市场开拓能力。扶持合作社建设农产品仓储、冷藏、初加工等设施。

### （三）发展多种形式的适度规模经营

在依法自愿有偿和加强服务基础上，完善土地承包经营权流转市场，发展多种形式的规模化、专业化生产经营。引导土地承包经营权向生产和经营能手集中，大力培育和发展种养大户、家庭农（牧）场。严格规范管理，支持农民专业合作社及农业产业化龙头企业建立规模化生产基地。实施"一村一品"强村富民工程。

### 六、提升农业社会化服务的水平

### （一）增强农业公益性服务能力

加快基层农技推广体系改革和建设，改善工作条件，保障工作经费，创新运行机制，健全公益性农业技术推广服务体系。加强农业有害生物监测预警和防控能力建设，大力推行专业化统防统治，力争在粮食主产区、农作物病虫害重灾区和源头区实现全覆盖。加强动物防疫体系建设，完善国家动物疫病防控网络和应急处理机制，强化执法能力建设，切实控制重大动物疫情，努力减轻人畜共患病危害。

## （二）大力发展农业经营性服务

培育壮大专业服务公司、专业技术协会、农民经纪人、龙头企业等各类社会化服务主体，提升农机作业、技术培训、农资配送、产品营销等专业化服务能力。加强农业社会化服务市场管理，规范服务行为，维护服务组织和农户的合法权益。

## 七、加强农业资源生态环境保护

### （一）加强农业资源保护

继续实行最严格的耕地保护制度，加强耕地质量建设，确保耕地保有量保持在 18.18 亿亩，基本农田不低于 15.6 亿亩。科学保护和合理利用水资源，大力发展节水增效农业，继续建设国家级旱作农业示范区。坚持基本草原保护制度，推行禁牧、休牧和划区轮牧，实施草原保护重大工程。加大水生生物资源养护力度，扩大增殖放流规模，强化水生生态修复和建设。加强畜禽遗传资源和农业野生植物资源保护。

### （二）加强农业生态环境治理

鼓励使用生物农药、高效低毒低残留农药和有机肥料，回收再利用农膜和农药包装物，加快规模养殖场粪污处理利用，治理和控制农业面源污染。加快开发以农作物秸秆等为主要原料的肥料、饲料、工业原料和生物质燃料，培育门类丰富、层次齐全的综合利用产业，建立秸秆禁烧和综合利用的长效机制。继续实施农村沼气工程，大力推进农村清洁工程建设，清洁水源、田园和家园。

### （三）大力推进农业节能减排

树立绿色、低碳发展理念，积极发展资源节约型和环境友好型农业，大力推广节地、节水、节种、节肥、节药、节能和循环农业技术，淘汰报废高耗能老旧农业机械，加快老旧渔船更新改造，推进形成"资源——产品——废弃物——再生资源"的循环农业方式，不断增强农业可持续发展能力。

## 八、创建国家级现代农业示范区

### （一）加大示范区建设力度

高标准、高起点、高水平创建 300 个左右国家现代农业示范区。以粮棉油糖、畜禽、水产、蔬菜等大宗农产品及部分地区特色农产品生产为重点，加大示范项目建设投入力度，着力培育主导产业，创新经营体制机制，强化物质装备，培养新型农民，推广良种良法，加快农机农艺融合，大力促进农业生产经营专业化、标准化、规模化和集约化，努力打造现代农业发展的典型和样板。

### （二）发挥示范区引领作用

积极探索具有区域特色、顺应现代农业发展规律的建设模式。通过产业拉动、技术辐射和人员培训等，带动周边地区现代农业加快发展。引导各地借鉴示范区发展现代农业的好做法和好经验，推动创建不同层次、特色鲜明的现代农业示范区，扩大示范带动范围，形成各级各类示范区互为借鉴、互相补充、竞相发展的良好格局。

# 第三节　国家现代农业发展的保障措施

在工业化、城镇化深入发展中同步推进农业现代化任务十分艰巨，必须从我国国情和农业发展实际出发，突出重点，加大投入，强化措施，综合施策，建立健全以工促农、以城带乡的长效机制，为现代农业建设取得明显进展提供有力保障。

## 一、建立农业投入稳定增长机制

### （一）继续加大投入力度

按照总量持续增加、比例稳步提高的要求，不断增加"三农"投入。中央和县级以上地方财政每年对农业的总投入增长幅度应当高于其财政经常性收入增长幅度。预算内固定资产投资要向重大农业农村建设项目倾斜。耕地占用税税率提高后，新增收入全部用于农业。严格按照有关规定计提和使用用于农业土地开发的土地出让收入，严格执行新增建设用地土地有偿使用费全部用于耕地开发和土地整理的规定。积极推动土地出让收益用于高标准农田建设。继续增加现代农业生产发展资金和农业综合开发资金规模，充分发挥中国农业产业发展基金的引导作用。

### （二）改善农村金融服务

加快农村金融组织、产品和服务创新，推动发展村镇银行等农村中小金融机构。进一步完善县域内法人银行业金融机构新吸收存款主要用于当地发放贷款政策，落实和完善涉农贷款税收优惠、农村金融机构定向费用补贴和县域金融机构涉农贷款增量奖励等政策。引导金融机构发放农业中长期贷款，加强考核评价。完善农民专业合作社管理办法，支持其开展信用合作，落实农民专业合作社和农村金融有关税收优惠政策。扶持农业信贷担保组织发展，扩大农村担保品范围。加快发展农业保险，完善农业保险保费补贴政策。健全农业再保险体系，探索完善财政支持下的农业大灾风险分散机制。

### （三）引导社会资本投入农业

各部门要主动服务"三农"，在制定规划、安排项目、增加资金时切实向农业农村倾斜。积极推动建立城乡要素平等交换关系，鼓励和促进工业与城市资源要素向农业农村配置。进一步加大村级公益事业建设"一事一议"财政奖补力度，调动农民参与农业农村基础设施建设的积极性。通过组织动员和政策引导等多种途径，鼓励各种社会力量与乡村结对帮扶，参与农村产业发展和公共设施建设，努力形成多元化投入新格局。

## 二、努力加大农业支持保护力度

### （一）坚持和完善农业补贴政策

强化农业补贴对调动农民积极性、稳定农业生产的导向作用，建立农业补贴政策后评估机制，完善补贴办法，增强补贴实效。继续实施种粮直补。落实农资综合补贴动态调整机制。研究逐步扩大良种补贴品种和范围，扩大马铃薯原种和花生良种繁育补贴规模；扩大生猪、奶牛、肉牛、牦牛、绵羊、山羊等良种补贴规模。扩大农机具购置补贴规模，加大农机化薄弱环节生产机械补贴力度。加大动物强制免疫补贴力度，研究将布鲁氏菌病、狂犬病和包虫病等人畜共患病纳入免疫补助范围。逐步完善农业生产关键技术应用与服务支持政策，大幅度增加农业防灾减灾稳产增产关键技术良法补助。坚持和完善渔用柴油补贴政策。继续实施农业种子、种苗、种畜、种禽免税进口优惠政策。

## （二）建立完善农业生产奖补制度

完善主产区利益补偿机制，提高中央财政对粮食、油料生产大县转移支付水平，继续加大对产粮大县、生猪调出大县的奖励力度，规范粮食主产县涉农投资项目地方资金配套，全面取消主产区粮食风险基金地方资金配套。稳步提高粮食主产区县级人均财力水平。全面实施和完善草原生态保护补助奖励政策。扩大草原生态保护、水源污染防控生态奖补范围和规模，探索实施生物农药、低毒农药使用补助政策。研究建立高耗能老旧农业机械报废回收制度，探索实施报废更新补助。

## （三）加大对农业科研和技术推广的支持力度

完善现代农业产业技术体系，继续实施转基因生物新品种培育重大专项、公益性行业科研专项等农业重大科研项目；建立种业发展基金；加大国家重点基础研究发展计划、国家高技术研究发展计划、国家科技支撑计划等在农业领域实施力度，选择部分农业科研院所予以稳定支持。将乡镇或区域性农业技术推广、动植物疫病防控、农产品质量监管等公共服务机构履行职责所需经费纳入地方财政预算，按照种养规模和服务绩效安排工作经费，实现在岗人员工资收入与基层事业单位人员工资收入平均水平相衔接，将基层农业技术推广体系改革与建设示范县项目基本覆盖农业县（市、区、场）、农业技术推广机构条件建设项目覆盖全部乡镇；启动基层农业技术推广特设岗位计划。加大动物疫病防控经费投入，完善病死动物无害化处理补贴制度。建立和完善农作物病虫害专业化统防统治补助政策。扩大粮棉油糖高产创建、园艺作物和畜牧水产养殖产品标准化创建以及农业标准化示范县项自规模。继续向农民免费提供测土配方施肥服务，扩大土壤有机质提升项目实施范围和规模。继续加大农业农村人才培养力度，对大学生涉农创业按规定给予相关政策扶持。

### （四）完善农产品市场调控机制

稳步提高稻谷、小麦最低收购价，完善玉米、大豆、油菜籽、棉花等农产品临时收储政策。完善主要农产品吞吐和调节机制，健全重要农产品储备制度，发挥骨干企业稳定市场的作用。继续加强生猪、蔬菜等主要"菜篮子"产品市场监测预警体系建设，完善生猪、棉花、食糖等调控预案，制定鲜活农产品调控办法。探索建立以目标价格为核心的反周期补贴制度。

### 三、逐步提高农业对外开放水平

### （一）促进农业对外合作

提高农业"引进来"质量和水平。借助多双边和区域合作机制，加强农业科技交流合作，加大引资引智力度，提高农业利用外资水平。继续用好国外优惠贷款和赠款，加大先进适用技术、装备的引进、消化和吸收力度。充分利用政府间合作交流平台，拓宽农业"走出去"渠道。

### （二）加强农产品国际贸易

强化多双边和区域农业磋商谈判和贸易促进，做好涉农国际贸易规则制定工作。进一步强化贸易促进公共服务能力，积极推动优势农产品出口。建立符合世界贸易组织规则的外商经营农产品和农业生产资料准入制度。积极应对国际贸易摩擦，支持行业协会为企业维护合法权益。进一步完善农业产业损害监测预警机制。运用符合世界贸易组织规则的相关措施,灵活有效调控农产品进出口。

## 四、深化农业农村经营体制改革

积极推动种业、农垦等方面改革。加强对国家现代农业示范区、新形势下农村改革试验区工作指导和支持,发挥先行先试作用。统筹城乡产业发展,发展农村服务业和乡镇企业,制定农村二、三产业加快发展的鼓励政策,落实和完善有关税收政策。统筹城乡基础设施建设和公共服务,逐步建立城乡统一的公共服务制度。统筹城乡劳动就业,健全城乡平等的就业制度和覆盖城乡的公共就业服务体系,引导农村富余劳动力平稳有序外出务工就业、就地就近转移就业。统筹城乡社会管理,积极稳妥推进户籍制度改革。推进省直接管理县(市)财政体制改革,优先将农业大县纳入改革范围。

## 五、强化农业经营管理法制保障

完善以农业法为基础的农业法律法规体系,研究起草农业投入等方面的法律法规。加快农业行政执法体制改革,全面推进农业综合执法。深入开展农业普法宣传教育。

## 六、加强农业农村工作组织领导

坚持"米袋子"省长负责制和"菜篮子"市长负责制。完善体现科学发展观和正确政绩观要求的干部政绩考核评价体系,把粮食生产、农民增收、耕地保护作为考核地方特别是县(市)领导班子绩效的重要内容,全面落实耕地和基本农田保护领导干部离任审计制度。各有关部门和地方各级人民政府要围绕规划目标任务,明确职责分工,强化协调配合,完善工作机制，研究落实各项强农惠农富农政策，统筹协调推动重大工程的实施，确保规划落到实处，努力开创我国农业现代化发展新局面。

# 第三章　美丽乡村建设目标和现状

## 第一节　美丽乡村的含义

乡村，广义讲泛指农村，狭义讲是指村屯。原始村屯是逐水草而居、不断迁徙的生活住区，随着生产力发展逐渐演变为固定村落。费孝通先生把中国的农村聚村而居的原因概括为4点：一是每家所耕面积小，因为小农经营，所以，聚在一起居住，住宅和农场不会相距过分远。二是需要水利的地方，他们有合作的需要，在一起住，合作起来比较方便。三是为了安全，人多容易保卫。四是土地平等继承的原则下，兄弟分别继承祖上的遗业，使人口在一个地方一代一代的积起来，成为相当大的村落。由此看，乡村承载着农业产业和农民生活，其构成关键在人在产业。

美丽乡村中的美不是简单的自然风光秀丽，而是具有生产发展、生活舒适、生态良好、人文和谐丰富内涵的大美，在美的形式上主要体现"四美"，即产业美、环境美、生活美、人文美。从这个意义上说，富裕的乡村不一定美丽，但贫穷的乡村一定不美丽。美不是目的，美是为了宜居，是为了保证产业持续发展、农民持续增收，荫及子孙后代。产业是富裕的物质基础、财富的主要来源。农民是生产者、建设者、创造者、所有者，决定产业和乡村的命运。有了高素质农民，有了产业支撑，有了人与自然和谐的可持续发展方式，才有美丽乡村。

## 一、科学规划是基础

规划的节约是最大的节约，规划的浪费是最大的浪费。中国农村房屋建筑主要是自发建造，布局缺乏统一规划，出现闲置地皮、废弃住宅等大量土地资源浪费。又由于审美观念的落后，这些建筑大多外形风格不一，外部装饰和环境格格不入。美丽乡村建设应进行统一规划设计，解决好乡村的"脏、乱、差"现象。但美丽乡村的规划不能照搬一个模式，不能没有自己的特色和个性，不能搞千村一面。地理风貌具有多样性，自然禀赋也具有多元性，因此美丽乡村同样也应是多种多样的、千姿百态的。美丽乡村要像乡村，不能建设成城市，要保留乡村的原汁原味。

## 二、百姓富是内在要求

以往大部分乡村在追求经济发展过程中都以牺牲环境为代价，而美丽乡村要求坚持生态与经济协调发展的理念，把生态富民理念贯穿到美丽乡村建设全过程。

走一条生活富裕、生态良好的发展道路。良好的生态环境本身就是一种生产力，建设生态环境就是发展生产力。如"一年一场风，从春刮到冬；白天点油灯，黑夜土堵门；风起黄沙飞，十年九不收……"是地处毛乌素沙漠天然风口地带的山西右玉县昔日的真实写照，那时森林覆盖率只有0.3%，生态环境极度恶化。然而，历经右玉18任县委、县政府的努力，坚持植树造林，用心血和汗水绿化了沙丘和荒山，不仅有效地改善了生态环境，而且为右玉经济社会长远发展打下坚实基础，走出了一条在干旱贫瘠、高寒冷凉地区生态与经济相协调、人与自然相和谐的绿色可持续发展之路,而且赢得"塞上绿洲"的称号。

### 三、和谐人居环境

乡村许多工厂的排污,农药、化肥的大量使用均对空气、河流、土壤造成严重污染,出现了一些癌症村。有些城市不要的残次品及过期食品因价格低而流入乡村,农产品的大量催熟而不经过检查就上市让人们无法安心饮食。另外,乡村地区的地震、洪涝、干旱等自然灾害带来了大量的经济损失以及人们的心理创伤。乡村地区的社会治安主要是靠传统的道德来维持,而随着城市化进程的加快,原本维系乡村治安的道德体系逐渐瓦解,急需新的秩序以建立和谐的乡村人居环境。

### 四、优美的生态环境

以前,乡村的大部分垃圾都可以通过各种方式自然降解,现在出现大量垃圾无法降解的情况。乡村没有像城市一样的卫生服务系统,一般都是村民自己动手打扫,打扫的垃圾有时就堆放在废弃的宅基地上,臭气熏天,蚊蝇滋生,一刮风,各色的塑料满天飞。这样的乡村何来美丽?美丽乡村需要良好的生态,人们占用了乡村的大量空间,许多环境随之改变,生物的种类不断减少,一种物种的灭绝带来更多物种的灭绝,自然界的平衡被打破,会带来更多的灾难,所以要保护乡村的原生态。

### 五、浓郁的乡村文化

乡村之美在于优美的自然风光和田园野外,也在于独具特色的民俗事项和风土人情。美丽乡村建设需因地制宜,培育地域特色和个性之美。当城市越来越国际化,也就越来越相似,而未来中华多元文化体系的保留将可能出现在农村。乡村文化的发展要注意结合乡村特色的生态资源和人文资源，例如，乡土人情、文化古迹等，让乡村文脉资源融入美丽乡村建设，展现独特的美丽。

## 六、美丽乡村的特征

美丽乡村需要形神皆美。美丽乡村注重的不仅是乡村的外在美，还有乡村的内在美。乡村的外在美主要表现在形状、色彩、声响、线条、质料、流动等方面，一般人都可以通过视觉、听觉、嗅觉、味觉和触觉而感知；内在美是一种内在的精神，乡村的内在美通常需要我们通过经验和科学知识去探知和感悟。

### （一）形式美

形式美是美的表观形态，也是美丽乡村的一个基本要素。乡村的外在美通过村落、农田、森林、水域等向人们展示，人们通过视觉、听觉可以感受。"明月别枝惊鹊，清风半夜鸣蝉。稻花香里说丰年，听取蛙声一片。"这样描写乡村景色的诗句会给没有去过乡村的人们带来无限的憧憬与向往。美丽乡村不应只追求自然风光美，因为乡村是人类生活的地方，乡村建设有了人的参与，就能使乡村更加美丽。如宏村、西递村、诸葛八卦村等向人们展示了村落与自然风景的"天人合一"，充分利用了自然环境的优势，把村落和自然环境融为一体，形成一幅优美的画卷。

### （二）内在美

美丽乡村没有健康的生态关系，即使表面形式上是美的，也不属于美。在美丽乡村建设中，许多政绩工程，只重视表面文章，追求速成，没有质量安全保障，时间一长，许多弊端就会暴露无遗。如为了增加景观美学效果，有些地方急于求成，在恢复之初，就超前配置结构完备的植物群落，企图"一步到位"，刚开始景观效果可能很美，但违背了生物群落自然演替的客观规律，结果也不会成功。因此，我们追求的不是暂时的美，而是可持续的动态美。美丽乡村建设还要注重功能的完善、优化、健康、安全、低碳与环境友好等。

# 第二节　美丽乡村建设目标

## 一、生态文明建设目标

建设生态文明关系人民福祉，关乎民族未来。党的"十八大"对生态文明建设作出了战略部署，要求把生态文明建设放在突出地位，融入经济建设、政治建设、文化建设、社会建设各方面和全过程，努力建设美丽中国。十八届三中全会要求紧紧围绕建设美丽中国深化生态文明体制改革，加快建立生态文明制度，健全国土空间开发、资源节约利用、生态环境保护的体制机制，推动形成人与自然和谐发展的现代化建设新格局。国家生态文明先行示范区提出的总体目标要求：把生态文明建设放在突出的战略地位，按照"五位一体"总布局要求，推动生态文明建设与经济、政治、文化、社会建设紧密结合、高度融合，以推动绿色、循环、低碳发展为基本途径，以体制机制创新激发内生动力，以培育弘扬生态文化提供有力支撑，结合自身定位推进新型工业化、新型城镇化和农业现代化，调整优化空间布局，全面促进资源节约，加大自然生态系统和环境保护力度，加快建立系统完整的生态文明制度体系，形成节约资源和保护环境的空间格局、产业结构、生产方式、生活方式，提高发展的质量和效益，促进生态文明建设水平明显提升。通过五年左右的努力，先行示范地区基本形成符合主体功能定位的开发格局，资源循环利用体系初步建立，节能减排和碳强度指标下降幅度超过上级政府下达的约束性指标，资源产出率、单位建设用地生产总值、万元工业增加值用水量、农业灌溉水有效利用系数、城镇（乡）生活污水处理率、生活垃圾无害化处理率等处于全国或本省（市）前列，城镇供水水源地全面达标，森林、草原、湖泊、湿地等面积逐步增加、质量逐步提高，水土流失和沙化、荒漠化、石漠化土地面积明显减少，耕地质量稳步提高，物种得到有效保护，覆盖全社会的生态文化体系基本建立，绿色生活方式普遍推行，最严格的耕地保护制度、水资源管理制度、环境保护制度得到有效落实，生态文明制度建设取得重大突破，形成可复制、可推广的生态文明建设典型模式。

## 二、美丽乡村建设目标

为了落实党的"十八大"提出的"推进生态文明"和"建设美丽中国"的发展战略，农业部在 2013 年提出"美丽乡村"创建活动，并颁布了《农业部"美丽乡村"创建目标体系》。具体来说，目标体系从产业发展、生活舒适、民生和谐、文化传承、支撑保障五个方面设定了 20 项具体目标，将原则性要求与约束性指标结合起来。如产业形态方面，主导产业明晰，产业集中度高，每个乡村有一到两个主导产业；当地农民（不含外出务工人员）从主导产业中获得的收入占总收入的 80% 以上。生产方式方面，稳步推进农业技术集成化、劳动过程机械化、生产经营信息化，实现农业基础设施配套完善，标准化生产技术普及率达到 90%；土地等自然资源适度规模经营稳步推进；适宜机械化操作的地区，机械化综合作业率达到 90% 以上。资源利用方面，资源利用集约高效，农业废弃物循环利用，土地产出率、农业水资源利用率、农药化肥利用率和农膜回收率高于本县域平均水平；秸秆综合利用率达到 95% 以上，农业投入品包装回收率达到 95% 以上，人畜粪便处理利用率达到 95% 以上，病死畜禽无害化处理率达到 100%。

## 第三节　国外美丽乡村发展计划的建设内容

随着农业集约化带来的环境影响及城市化的负面环境效应加重，人类对食品安全、生态环境安全需求和乡村价值认识的提高，欧盟、美国、日本和韩国等国家先后制定了新型乡村发展计划，其中，欧盟的农业/农村发展计划最具代表性，反映了未来农村的发展方向和建设内容。欧盟共同农业政策从 1962 年实施至今，经历了从农业生产支持到乡村生态环境修复和保护的发展历程，近些年又越来越重视和加强农业/农村发展的多功能性、农业生态环境保护、乡村景观特征提升、绿色基础设施建设等。欧盟在 2005 年将各种项目整合，制定了欧盟乡村发展计划（2007—2013 年），重点优先资助四个方面（轴）的建设内容：①提高农林牧等产业的竞争力；②乡村生态环境和景观的建设和管护；③提高乡村地区的生活质量，增加乡村经济的多样性；④乡村发展管理，主要是针对前三个方面所实施项目的实施制度和管理方式。

欧盟 2014—2020 年乡村发展计划确定了 6 个优先发展领域：①在农业、林业和乡村地区促进知识技术转移和创新，促进农业和林业领域的终生学习和职业教育；②改善农场经济表现，以提高市场参与性和导向性以及农业多样性为目的进行农场调整和现代化建设，鼓励有能力和技术的农民进入农业领域；③促进农产品生产链组织，包括农业产品的加工和销售、动物福利、农业风险管理；④恢复、保育和强化与农业和林业相关的生态系统，改善水土资源管理；⑤提高资源使用效率，支持农业、食品和林业部门向低碳经济和适应气候变化的方向转变；⑥促进多样化的小型企业创新和发展，创造就业机会，以促进乡村的地区发展，促进乡村地区信息和通信技术的普及。

## 第四节 我国美丽乡村发展的现状和存在的问题

中央农村工作会议多次指出，我国农业农村发展正在进入新的阶段，呈现出农业综合生产成本上升、农产品供求结构性矛盾突出、农村社会结构加速转型、城乡发展加快融合的态势。人多地少水缺的矛盾加剧，农产品需求总量刚性增长、消费结构快速升级，农业对外依存度明显提高，保障国家粮食安全和重要农产品有效供给任务艰巨；农村劳动力大量流动，农户兼业化、村庄空心化、乡村人居环境质量较差，劳动力老龄化趋势明显，农民利益诉求多元化，加强和创新美丽乡村社会管理势在必行；农业环境污染严重，农业资源保护亟待加强；国民经济与农村发展的关联度显著增强，农业资源要素流失加快，建立城乡要素平等交换机制的要求更为迫切，缩小城乡区域发展差距和居民收入分配差距任重道远。

# 第四章　美丽乡村建设与生态发展

## 第一节　生态/循环农业发展

### 一、农业可持续发展模式

由于常规农业对生态环境、社会可持续发展造成的负面影响，从 20 世纪 60 年代末到 90 年代初，在世界范围内开始探讨可持续农业模式。各国针对传统农业、集约化农业的缺点，开展了大量长期定位研究，提出了不同类型的可持续农业发展模式。我国在可持续农业发展模式研究中，提出了生态农业、循环农业。尽管各国研究的农作系统各异，但从资源集约型和环境友好型农业生产模式看，大致可划分为 3 种农作系统：集约化农业（常规农作系统）、有机农业（自然农业）、综合农业（低投入农业、环境友好型农业、生态农业、循环农业）。

### （一）集约化农业（常规农业）

集约化农业属于现代农业范畴，是传统农业向现代农业转化过程的一个前期发展阶段。虽然集约化农业模式的发展弱化了自然环境作用和农业生物的自然再生产过程，使农业生物系统的结构趋于单一、生物抗性减弱、内外资源的利用超负、农产品品质下降、环境污染严重，但集约化农业的规模化、机械化、高科技、社会化服务仍然是未来中国现代农业的重要发展方向。

## （二）有机农业

有机农业（Organic Agriculture）是指在生产中完全或基本不用人工合成的肥料、农药、生长调节剂和畜禽饲料添加剂，而采用有机肥满足作物营养需求的种植业，或采用有机饲料满足畜禽营养需求的养殖业。虽然有机农业能够改善生态环境，但有机农业产量低，难以满足人口增加对粮食的需求。随着城乡人民收入的增长和生活水平的不断提高，人们更加关注自己的生活质量和身心健康，十分渴望能得到纯天然、无污染的优质食品，发展有机农业、生产开发有机农产品和食品正可以满足这一要求。

## （三）综合农业（生态农业）

从生产、经济和生态效益看，综合农业（生态农业）是未来农业发展的方向，即克服有机农业和集约化农业的缺陷，延续两种农业发展模式的优点。但是如何优化投入、提高资源和生产效率、降低对生态环境的影响，则取决于对农业生产和生态系统内部机制的研究、系统投入优化与管理，并需要根据各国和各地的生产条件和市场需求，选择适合的可持续农业发展道路。对于耕地生产，主要技术措施可以从多功能作物轮作制度和空间布局优化、综合/生态养分管理、保护性和最低干扰耕作、自然和生态基础设施、作物病虫害综合防治、农业基础设施优化布局和生态景观化建设、最优化农场结构等方面提高耕地质量，提升和稳定土地生产力。

20世纪初以来，为了克服常规农业发展带来的环境问题，与许多国家发展了多种农业方式以期替代常规农业一样，我国开始探讨生态农业。中国生态农业的基本内涵是，按照生态学原理和生态经济规律，因地制宜地设计、组装、调整和管理农业生产和农村经济的系统工程体系。它要求把发展粮食与多种经济作物生产，发展大田种植与林、牧、副、渔业，发展大农业与第二、第三产业结合起来，利用传统农业精华和现代科技成果，通过人工设计生态工程，协调发展与环境之间、资源利用与保护之间的矛盾，形成生态与经济的良性循环，以及经济、生态、社会三大效益的统一。

循环农业借鉴工业生产方式，把清洁生产思想和循环经济理念应用到农业生产和经营中，提倡农业生产和农产品生命周期的全过程控制，预防污染的发生。循环农业遵循循环经济的"4R原则"（即减量化 reduce、再使用 reuse、再循环 recyle、可控化 regulate）和减少废物的优先原则，开展农业系统内部的产业结构调整和优化，延伸与扩展农业产业链，实现农业生态系统层次和区域层次的资源多级循环利用及生态的良性循环。循环农业是生态农业理论、方法和技术的扩展，更强调产业发展、农村生产、生括和生态的协调发展。循环农业是改变过去农业产业的"资源——产品——废物排放"的单向线性发展模式，按照能量高效转化、生物互作循环原理、物质高效循环原理、产业链接循环、生态经济协调原理建立"资源——产品——废物再利用"的多次、多级、多梯度发展模式。

## 二、生态/循环农业设计

生态农业可以分为生态农业模式与生态农业技术两大部分，如果说生态农业模式是农业在系统和整体意义上重组的硬件部分，生态农业技术则是农业在系统和整体意义上重组的软件部分。农村是以从事农业生产为主的劳动者聚居的地方，涉及生产用地、生活用地和生态用地，必须从不同层次上构建农村生产、生活和生态系统，优化农村土地利用空间格局。

可持续农业发展需要从景观、生态系统、群落、种群和个体层次开展农田景观生态规划、循环系统建设和生物关系重建，大力推进生态农业、循环农业发展。

## （一）农业生态景观基础设施建设

农业景观是以农田或果园为基质，由农田、果园、设施农业、林地、聚落等板块，沟路林渠等廊道，以及水塘、小片林地，甚至一棵树等点状景观要素构成景观综合体。合理的农业景观规划可以有效提高作物授粉、防治风蚀、控制面源污染、病虫害综合防治等生态服务功能。推进农田中河流、道路、沟渠、田坎、小景观要素等廊道生态景观化建设，恢复农田生态系统服务功能。自然生态系统生产力低、生态服务功能高，而集约化农田生态系统生产力高、生态系统服务功能低、生产稳定性和持续性差。未来的农田生产应该大力恢复和提升生态系统服务功能，提升其防风、扬尘控制、病虫害防治、面源污染控制、防灾避险、景观美学等生态景观服务功能。如很多农作物完全或部分依赖授粉作用，对于115种世界上最重要的农作物，授粉可提高大约75%的产出。

## （二）循环系统建设

循环系统建设是通过建立系统组分间物质循环连接，提高生态系统的资源效率并减少其对环境的压力。根据系统的范围，循环体系建设包括农田系统循环、农牧系统循环、农业加工循环、农村内部循环、城市农村循环、生物地球循环等。生态农业循环系统建设的核心是利用生态系统生态学原理，根据物质、能量和资金平衡关系，建立经济适用的循环模式。主要循环模式有农田系统循环、农牧系统循环、农业加工循环、农村内部循环、城市农村循环和生物地球化学循环。

### （三）生物关系重建

以作物为核心的农业生产过程可以重建的关系有作物与作物的关系、作物与昆虫的关系、作物与微生物的关系、作物与大型动物的关系、作物与草的关系、农业与树木的关系。

## 第二节　农业资源高效利用和清洁化生产

加快美丽乡村建设步伐，大力推动乡村资源节约集约高效利用，以节水、节肥、节药、节地、节能技术推广为重点，构建乡村节约型生产和生活方式；以农业生产生活废弃物综合利用为重点，建立和完善乡村资源高效循环利用系统。

### 一、节水

在节水方面，以提高灌溉水利用效率为核心，因地制宜，调整农业种植结构，合理配置水资源，加强农田水利设施建设，大力推广节水灌溉技术，重点安排灌区节水改造、节水灌溉示范、雨水集蓄和旱作节水灌溉示范、牧区节水灌溉饲草料基地示范、养殖业节水示范等工程。积极推行村镇集中供水，推广应用节水器具，加大节水宣传教育。加强农村生活污水治理力度，重点在新建社区采用集中式处理污水，在旧村落采用分散式处理生活污水，提高生活污水的回收利用率。

### 二、节肥节药

在节肥节药方面，以"减量化、无害化、高效化"为中心，推广节肥节药技术，调整优化用肥结构，全面实施测土配方施肥，控制化肥投入总量、优化施肥结构、科学肥料运筹比例，提高肥料利用率。推进高效、低毒、低残留农药新品种应用，椎广低容量喷雾技术，加强病虫害综合防治，应用农业、物理、生物防治相结合，化学防治与非化学防治相协调的综合防治技术，减少农药用量。

### 三、节约集约用地

在节地方面，大力推进土地整治工作，从土地开发、整理、复垦三个角度充分调动土地资源活力。开展土地调查，将有条件、有价值开发的未利用地纳入规划范围，扩展土地后备资源；开展田、水、路、林农用地综合整理，保护高标准基本农田，完善农业基础设施，发展集约化现代化农业，转变传统农用地土地利用方式，高效集约用地；挖掘农村居民点用地整治潜力，对废弃和闲置宅基地统一再利用，严格执行"一户一宅"的政策，鼓励村民自发节地，盘活存量土地。

### 四、节能

在节能方面，围绕转变农业增长方式，发展循环农业，大力开发乡村可再生能源，全面推进乡村企业、农业机械、耕作制度、畜禽养殖、乡村生活等乡村生产生活方面的节能，开展乡村清洁生产，重点推广乡村节能减排"十大技术"，包括畜禽粪便综合利用技术、秸秆能源利用技术、太阳能综合利用技术、乡村小型电源利用技术、能源作物开发利用技术、乡村省柴节煤炉灶坑技术、耕作制度节能技术、农业主要投入品节约技术、乡村生活污水处理技术和农机与渔船节能技术，加快提升乡村能源利用率。

## 五、废弃物利用

在乡村废弃物利用方面，按照"减量化、再利用、资源化"的循环经济理念，积极推行秸秆"五化"，发展生态型畜牧业，加快实施畜禽规模养殖场粪便治理工程，推动畜禽养殖与种植业的有效融合，加大农村生活垃圾分拣、储存、运输，处理体系覆盖面，有效处理乡村垃圾，提高乡村废弃物综合利用率，实现乡村资源高效利用和循环利用。

# 第三节　优化国土空间格局和产业布局

首先，要落实好上一级土地、生态和城乡发展空间格局、主体功能区规划和土地用途管制规划；其次，按照城乡空间布局、基础设施、城乡经济和市场经济、社会事业和生态环境一体化建设发展要求，严格保护现有耕地和基本农田、历史文化遗产、重要水源涵养地和生态用地，开展集乡村生态景观特征提升、生物多样性保护、历史文化遗产保护、土地损毁生态修复、土地污染、水土污染、防治避险、乡村游憩和乡村休闲等功能于一体的绿色基础设施规划，并在此基础上划定生态红线、生产红线和生活红线，优化国土空间格局。

以蒙阴县为例。以经济现状、资源环境承载能力以及在不同层次的战略地位对蒙阴县展理念、方向和模式的要求为基础，优化蒙阴县国土资源空间格局。

（1）明确蒙阴县主体功能定位，落实主体功能区划战略。主体功能区划包括：①优化开发区，在蒙阴县经济较发达、开发强度较高、环境问题较突出的区域进行优化；②重点开发区域，在蒙阴县环境承载能力较强、发展潜力较大、集聚人口和经济条件较好的区域进行适度开发；③开发区域包括蒙阴县农产品主产区和重点生态功能区；④禁止开发区域，结合蒙阴县自身条件，依法设立自然文化资源保护区域以及禁止进行工业化、城镇化，需要特殊保护的生态功能区。主体功能区的类型、边界和范围在较长时期内应保持稳定，但可以随着蒙阴县的发展基础、资源环境承载能力以及在不同层次的战略地位等因素发生变化而调整。

（2）科学划定蒙阴县生态红线，构建蒙阴县生态安全体系，包括构建生态网络、评价蒙阴县水源涵养能力、构建地质灾害分区等。

（3）在基本国土资源空间格局优化的基础上，进一步落实区域主要产业空间分布格局，确定下级层次或尺度的主导产业。

# 第四节　加大生态环境保护力度

## 一、加强生态系统和生物多样性保护

加强自然和半自然生境保护，构建区域生态网络，加强生物多样性保护。加强生态系统和生物多样性保护的主要内容包括：通过努力扩大森林面积，不断提高林分质量来加强森林生态系统保护与建设，同时加大草地治理与草场建设力度；建立严格的河湖管理与保护制度，切实维护河湖健康，着力推进水生态文明建设，建立和完善湿地保护机制，科学合理地利用湿地资源；强化流域综合治理，建设水源生态涵养林草，统筹安排水土保持、造林绿化、农田水利等工程；开展新农村绿化美化，强化交通走廊绿色通道建设，改善农村人居环境；通过就地保护、迁地保护、景观规划途径、社区参与式和政府政策等方面加强生物多样性保护力度，维护生态平衡，提升区域生态系统的稳定性，应对全球气候变化。

## 二、加大环境保护力度

紧紧围绕保护水、土、大气 3 个方面，加大环境保护力度，不断提高环境质量。严格保护饮用水地下水资源，实施重点流域水体污染防治，坚持防治为主、综合治理，实现污染物排放由总量控制向环境质量改善方向改变。加强土壤、重金属和固体废物污染防治。全面开展大气污染防治，大力推进农村生活污染防治，加强小流域水土流失综合治理，全面推进乡村环境连片整治进程，改善农村环境；加强对农业面源污染的有效控制，大力推行清洁生产，不断提升科学施肥用药水平，全面推广测土配方施肥技术和病虫害绿色防控技术。

## 三、保护和合理开发乡村生态景观资源

乡村景观是由一片土地的可视特征组成的镶嵌体，是地域、人和自然相互作用的综合体，是记载人类改造自然文明程度的具体体现，是人类认同和归属的精神空间，具有多种价值。休闲农业是贯穿农村第一、第二、第三产业，融合生产、生活和生态功能，紧密联结农业、农产品加工业、服务业的新型农业产业形态和新型消费业态。在严格保护自然景观、人文景观，维护山水林田路空间格局的基础上，加强绿色基础设施建设和生态系统修复，大力发展休闲农业和乡村生态休闲旅游，开展乡村游憩网络和绿道建设。

以蒙阴县为例，其乡村生态景观资源的保护和开发是以"江北美丽乡村"为定位，以生态禀赋、产业发展和美丽宜居为发展方向，强化人与自然的和谐互促。基于蒙阴县良好的生态资源、蜜桃产业资源和深厚的历史人文资源，坚持"生态一生

产一生活"三位一体的发展模式。推进绿色基础设施建设、果品全产业链融合和美丽乡村建设。融合发展生态创意组团，营造兼具生态、生产和生活功能的美丽乡村模式。蒙阴美丽乡村的打造是以乡村生态景观为基础，强化绿色产业、休闲旅游、文化传承、创意和多元功能，提取桃源—矿野—林扇—水轴—山境—乡踪等元素，构建创意组团和主题游线，以核心和附属项目服务于不同游客类型，实现乡村生态景观资源的保护开发和提升转化。

### 四、加强防灾减灾体系建设

水土安全问题主要有水土流失、风蚀、水土和大气污染、盐渍化和湿地萎缩等土地退化问题，大型基础建设和矿产资源开采导致土地损毁等。灾害包括洪涝灾害、旱灾、地质灾害、火灾、外来物种入侵等，特别是全球气候变化、极端事件导致的洪涝灾害、地质灾害频发，这是我国乡村可持续发展面临的重要水土安全问题。开展灾害风险评价和防灾避险规划，做好灾害监测预警和防范处置，最大限度地减轻自然灾害突发事件损失，提高适应气候变化的能力，保障经济发展和社会稳定，健全和完善覆盖乡村的防灾避险体系。

# 第五节　大力营造生态和谐人居

### 一、做好城乡空间布局规划和定位

迎合农村人口转移和村庄变化的新形势，科学编制县域村镇体系规划和镇、乡、村庄规划。以蒙阴县为例，其生态文明规划提出：按照集约用地、集中发展、适度规模的要求，形成中心城区紧凑发展、城镇和农村居民点集聚发展的格局。构筑"一心点廊协同、三轴三区发展"的空间发展格局:"一心"指中心城区;"点廊"指中心城区为依托的生态城和多个村庄社区为载体的美丽乡村,依托京沪高速的交通廊道和依托河流水系的滨水廊道;"三轴"指沿205国道和京沪高速公路方向的一条发展主轴,以及分别依托兖石公路和沂蒙公路方向的两条发展次轴;"三区"指中部生态产业发展区(蒙阴城区、常路镇、高都镇、联城乡、旧寨乡)、北部生态休闲涵养区(岱崮镇、坦埠镇、野店镇)和南部生态旅游体验区(垛庄镇、桃墟镇)。

对于中心城区建设要优化功能、治理环境、提升品位,按照统一规划、发展节地型生态住宅的方式,对所有过于老旧的村落逐批实施改造,同时将有机更新与历史文化保护相结合,打造发展与传承的核心区。建设以汶河、梓河综合整治带动沿线区域开发,全面提升基础设施水平,打造生态自然、开放时尚、富有活力的现代化新城区,向布局合理、功能完备、多元化、组团式生态县迈进。同时重点推进生态建设,依托现有云蒙湖、蒙山等资源,营造湿地公园、森林公园,在全县范围植入生态绿楔,为居民提供氧源绿地和多层次的休闲游憩场所,着力打造生态环保、功能完善的特色生态县。

## 二、开展美丽城镇建设

按照控制数量、提高质量、节约用地、体现特色的要求,推动乡镇建设与主导产业发展相结合;要通过规划引导、市场运作,培育成为文化旅游、商贸物流、资源加工、交通枢纽等专业特色乡镇;将生态文明理念全面融入乡镇发展,构建绿色生产方式、生活方式和消费模式;严格控制高耗能、高排放行业发展;节约集约利用土地、水和能源等资源,促进资源循环利用；统筹城乡发展的物质资源、信息资源和智力资源利用，推动物联网等新一代信息技术创新应用；发掘乡镇文化资源，强化文化传承创新，把乡镇建设成为历史底蕴厚重、时代特色鲜明的人文魅力空间；加强历史文化名城名镇、历史文化街区、民族风情小镇文化资源挖掘和文化生态的整体保护，传承和弘扬优秀传统文化，推动地方特色文化发展，保存城市文化记忆。

### 三、大力推进美丽乡村建设

县域层次要按照城乡空间布局、城乡经济与市场、交通、社会事业和生态环境一体化建设发展要求。首先，从优化土地利用和产业布局、绿色循环低碳技术应用、资源高效节约集约利用、生态环境保护、生态人居和景观风貌营造、乡村生态文化复兴、生态文明制度创建等方面，开展县域层次美丽乡村建设规划，提出美丽乡村建设战略、任务和工程项目；其次，要根据农业部提出的"美丽乡村"创建活动的目标体系，从产业发展、生活舒适、民生和谐、文化传承、支撑保障5个方面，开展"生态宜居、生产高效、生活美好、人文和谐"的美丽乡村建设，以提升农业产业，缩小城乡差距，推进城乡一体化发展。

# 第六节　加强生态文化体系建设

## 一、树立生态文明主流价值观

将生态文明内涵融入机关文化、企业文化、校园文化、旅游文化、群众文化建设各方面。继承和发展传统文化，开展以生态价值观和环境伦理道德为核心的生态文化建设。牢固树立

"善待生命、尊重自然的伦理观，环境是资源、环境是资本、环境是资产的价值观"，在全社会牢固树立生态文明理念。强化"经济、社会和环境相统一的效益意识，经济、社会、资源和环境全面协调发展的政绩意识，节约资源、循环利用的可持续生产和消费意识"的生态意识。

## 二、加强生态文明宣传力度

加强对社会普遍关注的生态文明热点问题的舆论引导。依托报刊、电台、电视台等新闻媒体，开辟专栏聚焦生态文明建设热点问题并进行相关生态知识的宣传；加强环保网站、环保刊物以及环保信息屏、显示屏等宣传平台的建设和运用，推进公众参与和工作交流；加快建设并形成一批以绿色学校、绿色企业、生态街道、绿色社区、生态村为主体的生态文明宣传教育基地；全面开展生态文明进社区、进村镇活动，积极组建生态文明建设社团，组织开展生态文明知识宣讲活动。

## 三、增强生态文化传承融合

不断挖掘本土文化的生态内涵，将历史文化、资源开发与旅游二次创业密切结合，促进生态旅游业和相关第三产业的发展。加强传统节庆文化的传承和发展，让更多民众参与到节庆活动和社会活动中，以生态文化为载体，通过以节扬文、以文促旅、以旅活市来带动产业的综合发展。

## 四、倡导生态绿色生活方式

大力宣传倡导生态绿色的生活方式，在全社会树立绿色消费理念，倡导绿色消费和适度消费。树立适度消费、节制消费、健康消费、公平消费、精神消费等为首的生态消费方式，积极倡导绿色生活；提倡良好、文明的卫生习惯，惩罚破坏环境的行为；使用节能环保产品，倡导消费未被污染和有助于公众健康的绿色产品，拒绝消费污染环境和高能耗的产品。

# 第七节　创新生态文明建设制度机制

## 一、完善生态资源管理制度

建立自然资源资产产权制度，使不同的主体对不同的资产有不同的确定的权利，使经济活动的成本由活动主体承担，在权衡收益和成本的前提下，可以促进资源的优化配置和合理利用，提高资源的利用率。建立并完善资源用途管理制度，严格用途管制。建立健全生态环境管理机制，健全水环境、湿地系统、野生动植物资源管理机制，实行最严格的污染管理制度。建立环境与健康风险预警工作机制，环境污染与健康损害报告制度及预警发布制度，完善预警手段，加强环境与健康突发事件应急处置能力建设。

## 二、健全目标责任利用制度

推行消费总量控制制度，有效控制能源消费与碳排放，不断提高能源使用效率。实行资源开发用量控制制度，划定生态保护红线，建立国土空间开发保护制度，对水土资源、环境容量和海洋资源超载区域实行限制性措施，建立审核责任制并纳入政府年度考核内容。

## 三、建立生态环境补偿机制

加快建立生态补偿机制，加大对生态补偿的财政投入力度，健全流域区域生态补偿资金管理，建立乡村生态环境管护补偿机制，建立着眼于长期保护和修复的生态补偿长效机制。探索编制自然资源资产负债表，实行领导干部自然资源资产和资源环境离任审计。树立底线思维，实行最严格的资源开发节约利用和生态环境保护制度。

### 四、构建生态文明考评机制

建立生态文明建设目标计划，制定生态文明建设的年度计划，分解落实生态文明建设任务，由政府与相关责任单位签订目标责任书，确保生态文明建设各项工程和任务的组织落实、任务落实、措施落实和管理落实。建立健全目标责任考核机制，制订完善的考核指标体系和考核实施办法，将生态文明建设的主要任务、指标分解落实到政府相关部门，加强对目标责任、工作进度的跟踪检查和阶段性问责、问效。

### 五、加强基础能力和保障机制建设

认真贯彻落实环境保护和生态文明相关法律法规和规章。明确规划的法律效力，把生态文明建设规划纳入政府经济和社会发展的长远规划和年度计划中，以明确规划在可持续发展进程中的角色和作用。加强环境执法体系建设，综合运用立法、行政审批和行政执法等手段，推动社会力量参与，提高公众的环保理念，建设完备的环境执法体系。建立健全领导机构，切实加强领导、协调和监督，构建高效的执政体系、配套的运行机制、生态的目标责任和完善的标准体系。重视生态环境保护、高新技术的科技开发和产业化，提高业务素质，使管理水平和服务质量规范化、程序化和标准化。加强环境监察监测能力、应急处置能力和环境信息网络化建设。着力构建环境监测监控、环保基础设施、生态修复、环境执法与应急、环境信息、环境科技等六大环境安全保障体系，以保障规划能够实时更新、完善，长久实施。

# 第五章　美丽乡村建设的规划设计

## 第一节　美丽乡村设计的理论基础与方法

美丽乡村是一个泛指的抽象概念，在不同的社会、经济、资源环境条件下和不同发展阶段，建设美丽乡村会有不同的发展模式。同时，作为一个社会——经济——自然复合的生态系统，其规划设计的目标是多层次、多方面的，涉及庭院住宅、村落景观、产业结构、社会文化、生态环境等方面，在规划设计上更需要多种学科交叉、综合，以生态整体规划的原则统筹各个方面，借鉴生态学、景观生态学、产业生态学、生态建筑学、城市规划学科发展起来的设计理论等学科的理论。

### 一、生态规划与美丽乡村

所谓生态规划就是指运用生物学和社会文化信息，就景观利用的决策提出可能的机遇及约束。如英国著名园林设计师、规划师伊恩·麦克哈格定义的："某一地区借此而得以在法规及时间的运作中被解读为一个生物物理及社会过程。它也可以被再解释为就任何特定的人类行为方式明确地提出面临的机会和约束，调查能够揭示出最合适的区位与过程。"

生态规划早期主要是指土地利用的生态规划，直至 20 世纪 80 年代，大多数人所认同的生态规划仍倾向于土地利用的生态规划。王祥荣认为，生态规划应不仅限于土地利用，而是以生态学原理和城乡规划原理为指导，应用系统科学、环境科学等多学科的手段辨识、模拟、设计人工复合生态系统内的各种生态关系，确定资源开发利用与保护的生态适宜度，探讨改善系统结构与功能的生态建设对策，促进人与环境的关系持续、协调发展。

美丽乡村是一个多元、多介质、多层次的社会——经济——自然复合生态系统，各层次、各子系统之间和各生态要素之间关系错综复杂，美丽乡村的生态规划应坚持以整体优化、协调共生、适宜开拓、区域分异、生态平衡和可持续发展的基本原理为指导，以环境容量、自然资源承载能力和生态适宜度为依据，促进生态功能合理分区和创造新的生态工程。其目的是保障村庄在社会、经济的不断发展中，仍保持良好的生态环境质量，寻求最佳的村庄生态位，不断地开拓和占领空余生态位，充分发挥生态系统的潜力，促进村庄生态系统的良性循环，保持人与自然、人与环境关系的可持续发展。联合国人与生物圈计划（MAB，1984）第57集报告指出："生态城乡规划就是要从自然生态与社会心理两方面去创造一种能充分融合技术和自然的人类活动的最优环境，诱发人的创造精神和生产力，提供高水平的物质和文化生活。"

## 二、景观生态学与美丽乡村规划

景观生态学是研究景观单元的类型组成、空间配置及其与生态学过程相互作用的综合性学科。其研究的核心是空间格局、生态学过程和尺度之间的相互作用。强调空间异质性的维持与发展、生态系统之间的相互作用、大区域生物种群的保护与管理、环境资源的经营与管理，以及人类对景观及其组分的影响。

　　景观格局是景观元素的空间布局，这些元素一般是指相对均质的生态系统和水体、森林斑块、农田斑块、居住区等。"斑块——廊道——基质"模式是景观生态学中解释景观结构最基本的模式，这一模式为比较和判别景观结构、分析结构与功能的关系和改变景观提供了一种通俗、简明和可操作的语言。

　　景观生态规划是在一定尺度内对景观资源的再分配，通过研究景观格局对生态过程的影响，在景观生态分析、综合及评价的基础上，提出景观资源的优化利用方案。它强调景观的资源价值和生态环境特性，其目的是协调景观内部结构和生态过程及人与自然的关系，正确处理生产与生态、资源开发与保护、经济发展与环境质量的关系，进而改善景观生态系统的功能，提高生态系统的生产力、稳定性和抗干扰能力。景观生态规划实际上是将景观生态学的理论应用到生态系统管理与规划实践的过程。其内容主要包括3个方面：①总体功能布局，是对景观生态功能的定位，是所有景观单元规划的一个基础格局。②生态属性规划，是以规划的总体目标和总体布局为基础，综合社会经济发展、生态建设的具体要求，对各种景观单元的物种类型、利用方式、生态网络的连接形式等具体的生态属性进行详细的规划。③空间属性规划，是对总体布局和属性规划的空间设计。这些属性包括斑块及其边缘属性，如斑块的大小、形状、斑块边缘的宽度、长度及复杂度；廊道及其网络属性，如节点的位置、大小、数量，网络的密度、廊道的连通性、缓冲带等。

　　与生态规划的方法相比，景观生态规划更强调景观空间格局对过程的控制和影响，并试图通过格局的改变来维持景观功能的健康与安全。理想的村庄景观生态规划应能体现出村庄景观资源提供农产品、保护及维护生态环境及作为一种特殊的旅游观光资源这三个层次的功能。

美丽乡村从景观生态学的角度来言，其格局可以认为斑块——居住区、工业区、水塘、公园绿地、林地等廊道——河流、道路、沟渠、林带等、基质——大片农田、山体或水体等。各景观要素间存在着错综复杂的生态关系，并不断进行着物质、能量、信息的流动与传递，因此，在对美丽乡村进行设计时，对各类斑块、廊道与基质的尺度、数目、形状、位置等就可依据景观生态学的基本原理进行设计，从而在整体上形成较稳定的景观生态格局。

## 三、产业生态学与美丽乡村规划

当今城乡可持续发展所面临的一个严重挑战是产业转型，产业转型的方法论基础就是产业生态学。它是一门研究社会生产活动中自然资源从源、流的全代谢过程，组织管理体制以及生产、消费、调控行为的动力学机制、控制论方法及其与生命支持系统相互关系的系统科学，被列为美国世纪环境研究的优先学科。

产业生态学是十几代人在可持续发展思想推动下，在传统的自然科学、社会科学和经济学相互交叉和综合的基础上发展起来的一门新学科，是研究人类产业活动与自然环境相互关系的一门综合性、跨学科的应用科学。它采用工业代谢、生命周期评价和区域生态建设的方法对产业活动全过程包括原材料采掘、原材料生产、产品制造、产品使用、产品用后处理进行定性描述和定量模拟。

产业生态学着眼于人类和生态系统的长远利益，追求经济效益、生态效益和社会效益的统一。

生态产业是产业生态学研究的主要内容，是按生态经济原理和知识经济规律组织起来的基于生态系统承载能力、具有高效的经济过程及和谐的生态功能的网络型进化型产业。它通过两个或两个以上的生产体系或环节之间的系统祸合，使物质、能量能多级利用、高效产出，资源、环境能系统开发、持续利用。王如松和杨建新提出了生态产业组合、孵化及设计的十大原则横向耦合、纵向闭合、区域祸合、柔性结构、功能导向、软硬结合、自我调节、增加就业、人类生态及信息网络。

我国著名生态学家马世骏在 20 世纪 80 年代提出了"整体、协调、循环、再生"的生态工程设计思想，即"应用生态系统中物种共生与物质循环再生的原理，结合系统工程的最优化方法，设计的分层多级利用物质的生产工艺系统"。生态工程设计的原理与方法指导了我国各种类型的区域生态工程建设，促进了全国各种规模、各种模式的生态村、生态乡、生态县、生态市建设。在这些生态工程建设中，不仅包括物质能量的多层分级利用系统，也包括水陆交换的物质循环系统，废物再生的环境调节工程系统，多功能污水自净工程系统，以及多功能农工联合生产系统。生态工程的设计方法对美丽乡村区域间的协调发展、区域内产业结构优化、产业内部各组分的链接与搭配，形成协调共生的产业生态系统具有重要的指导意义，为生态农业、乡村生态旅游业的进一步发展提供了理论基础。

## 四、生态经济学与美丽乡村规划

生态经济学（环境经济学）最早曾被称为"污染经济学"或"公害经济学"，是生态学和经济学融合而成的一门交叉学科，是从自然和社会的双重角度来观察和研究客观世界，从本质上来说，它应当属于经济学的范畴。

生态经济学是一门由生态学和经济学相互渗透、有机结合而形成的一门新兴的交叉性边缘学科。它以"生态——经济"复合系统为研究对象，探讨该系统中生态子系统与经济子系统之间的相互关系和发展规律，以及经济发展如何遵循生态规律，也即探索自然生态和人类经济社会活动统一体的运动和发展的规律。

生态经济学把生态经济系统作为研究对象，旨在给人类社会经济发展提供一种新的思考方向，使人们深刻认识到经济系统对生态系统的依赖与冲击，以及生态系统对来自经济方面作用力的反应敏感性，从而自觉地遵循自然规律。生态规划作为人类有意识地协调经济发展与保护生态环境的重要手段和措施，应在重视提高生态经济效益的同时，遵循生态经济学所提出的一些共同性准则：

（1）物质利益关系与生态效益相协调的原则。物质利益有个人利益、企业或集体利益、国家利益及全人类利益分享之分，或局部利益与整体利益之分。从时间的延续上来分，又分为眼前利益和长远利益。长期以来，特别是自工业革命以来，人类忽视了生态环境提供资源和消纳污染能力的有限性，片面追求物质利益，结果造成资源短缺和严重的环境问题。为此，在生态规划中，要从提高生态经济效益的高度，从多方面开展生态经济预测工作，通过经济、管理、法律、宣传的各种手段，真正把不同层次不同时间的物质利益协调起来，以尽情把各种生态经济失误可能造成的长远利益的损失降到最低限度，使经济建设建立在生态经济规律的基础上，实现经济效益和生态效益的同步提高。

（2）自然资源的最优利用与保护原则。自然资源是一切物质财富的基础，是人类生存发展不可缺少的物质依托和条件。人类从一出现在地球上就是在利用资源的过程中向前发展的。

然而，随着全球人口的增长和经济的发展，对自然资源的需求与日俱增，加之人类不顾自然规律的约束，盲目地开采和超度利用自然资源，造成大量浪费，不仅破坏了生态环境的再生调节能力，更使原本有限的自然资源更加紧缺，从而导致人类正面临着某些资源短缺或耗竭的严重挑战，资源的短缺必然制约经济的发展，进而威胁人类物质生活水平的提高。因此，如何使村庄能够在经济高效发展的同时，又可以尽可能少地对村庄环境造成影响，就是我们不得不考虑的问题。

（3）生态建筑学与美丽乡村规划。生态建筑学是研究建筑学进化的科学，是生态学与建筑学相互渗透的学科，同时也是自然科学与社会科学相结合的产物。它所研究的对象由人、建筑、自然环境和社会环境所组成的人工生态系统，其研究目的是在已经改变自然的条件下争取对自然界的最优化关系，以一种新的形式即人、建筑、自然和社会协调发展，顺应和保护自然界的和谐，维护生态平衡，创造适宜于人们生存与行为发展的各种生态建筑环境。生态建筑学应用于村落生态系统，其最重要的理论和原则可归纳为 3 个方面：①系统与平衡；②循环与再生；③适应与共生。这 3 方面的理论和原则是研究聚居环境的理论基础，其中系统与平衡理论，最重要的作用在于为人们建立了宏观整体的环境观念和思想方法循环与再生论，告诉人们如何正确对待环境资源利用问题，促使持续发展成为可能适应与共生理论，使人们认识到人与自然及社会之间依存和制约的关系，并为传承与发展提供方法和途径。

颜京松认为，生态建筑或生态住宅是按生态学原理规划、设计、建设和管理的具有较完整的生态代谢过程和生态服务功能，人与自然协调、互惠互利，可持续发展的人居环境。它是规划合理，人与自然协调和谐，环境清洁、优美、安静、适用，居住舒适的人类住区。在时间上有其新生旧灭的演变过程，空间上有其内部、外部及区域的耦合关系，代谢上有其输入输出过程。它融合人的身心和环境健康、自然和环境保护、生态良性循环、生态文明大主题。

生态建筑在实现上可有 3 种技术路线：①高技术路线。应用高新技术建材及现代设计、施工；②低技术路线。对传统建筑进行生态化改造与设计；③政府干预路线。制定生态建筑的技术规范并积极推广成功经验。高技术路线适用于生态城市的建设，对美丽乡村应选择低技术路线＋政府干预路线以促进生态建筑在美丽乡村的实现。

在生态住宅的设计方面，村庄住宅与城市住宅有极大不同，村庄生态住宅的设计是要以现代生态建筑学为基础的前提下，结合现代村庄生产、生活的特点，结合当地的风土人情与自然条件，应用现代生态工程技术，设计出新时代的生态住宅与生态庭院。它既利用天然条件与人工手段制造良好的富有生机的环境，同时又要控制和减少人类对于自然资源的掠夺性使用，力求实现向自然索取与回报之间的平衡，最终实现"人——建筑人工环境——自然环境"之间的协调发展。

# 第二节　美丽乡村模式设计的原则

上一节介绍的原理与方法适用于美丽乡村模式设计的土地、空间、产业、景观、建筑设计等各个方面，在具体应用时可考虑将其综合应用，但同时须遵循生态整体设计的原则。

（1）生态与经济相结合。美丽乡村的发展一定要在取得经济效益的同时兼顾生态效益，发展经济不以牺牲生态环境为代价，做到生态与经济的协调发展。

（2）城市与村庄相结合 保证美丽乡村既要拥有村庄的自然风光、农业风光，保持村庄的景观特色，又要享受城市的物质生活，如便利的交通、发达的通信、丰富的商品等，享受与城市"不同类但等值"的生活品质。

（3）传统与现代相结合 既要继承传统的风土人情、地方文化，又要吸收现代文明发展的积极成果，使传统文化与现代文化相结合，使美丽乡村在外表看是"外土里洋"，保持地域的可识别性。

（4）当代与后代相结合 美丽乡村的发展、对本土资源的利用首先要着眼当代人的利益，为当代人谋发展，同时又要考虑后代人的长远利益，为后代人留下进一步发展的空间和资源，做到区域内社会经济的可持续发展。

（5）人为与自然相结合 美丽乡村是一个人工的复合生态系统，其发展的方向、进程和面貌更多地受人为因素的调控，但美丽乡村又与所处的自然环境密切相关，其发展和更新要依托于当地的自然地理和气候条件，成为自然环境的有机组成部分，并对周围自然环境特别是乡村景观的质量改善具有积极促进作用。因此，在设计美丽乡村时要遵循"设计结合自然"的原则，尽可能多地应用自然力、自然能、自然物质材料，做到人与自然的和谐相处，保护生物多样性。

（6）分类指导的原则 我国村庄的地域类型丰富多样，不同地域的自然资源条件、区位条件、文化条件、经济发展水平各不相同，要求有不同的美丽乡村模式类型与之相适应。因此，在进行模式设计时，要因地制宜，先把握区域的类型特点，再选择相应的模式类型，然后根据具体的条件进行具体设计。

# 第三节 美丽乡村发展模式的要素设计

美丽乡村是一种理想的村庄发展模式，对美丽乡村的模式设计最终还要分解为各个要素，生成可操作、实施的工程体系，然后对每个要素按照美丽乡村的理论及美丽乡村模式规划设计的原则与方法进行设计。

## 一、生态人居的设计

美丽乡村的人居环境包含两个层次，即住宅环境和村落环境。住宅包括住房和庭院环境，这是私人活动空间，也是居民主要的生活环境，具有私密性。村落环境是公共活动空间，具有开放性。生态人居的设计就从这两个层次进行生态设计，设计的目标是实现人与自然的和谐，营造人性化、生态化的人居环境。

（1）生态住宅。随着人们环境意识的提高，生态住宅逐渐由理念走向实践。为规范生态住宅的建设，建设部 2001 年制定了《绿色生态住宅小区建设要点及技术导则》，对生态住宅在能源、水环境、气环境、声环境、光环境、热环境、绿化、废弃物管理与处置、绿色建筑材料等 9 个方面做出了明确要求。村庄的生态住宅不能简单套用以上的标准，其设计应与村庄的自然地貌相结合，与田园风光相结合，与农民的生产和生活特点相结合。随着村庄经济条件的改善，农民建房有盲目攀比、求大求高的心理，为保持美丽乡村的开放空间，其住房高度一般不宜超过 3 层，建筑样式要协调一致但也不要千篇一律，兼顾多样性与个性化。

根据住宅承担功能的不同，可以将村庄生态住宅分为两种类型：一是生活与生产功能分离型，其设计可以参考城市的生态住宅小区的标准进行设计；二是生活与生产功能结合型，农民的生活居住与农副业产品、手工艺产品生产或服务业经营结合在一起，住宅同时承担生产经营与生活的功能，在设计时就要综合考虑生产与生活的特点，进行综合设计和安排。

生态住宅的设计是一项复杂的系统工程，本章仅对几个主要共同的生态要素进行概念设计。

①绿色建筑材料：建材生产是消耗资源与能源最大，并对环境产生严重污染的行业之一。因此，生态住宅在建材选择上应选择环保、绿色、天然的建材，尽量减少对资源环境的破坏。实行住宅墙体改革，限制使用黏土砖，推广应用空心混凝土砌块、蒸压灰砂砖、蒸压粉煤灰砖、农业废弃物制造的人造板、泰柏板等新型保温、节能材料。在室内装饰装修材料的选择上，尽可能使用自然材料，如竹、藤、木、石等和经过绿色环保认证的人工饰材。

②住宅单体造型：住宅单体造型或建筑式样直接关系到美丽乡村的整体风貌特色，反映人们的物质生活和精神生活水平，并在一定程度上体现社会精神和文化。它包括体型、立面、色彩、细部等，是住宅建筑内外部空间的表现形式。其设计应结合当地的风俗习惯、气候条件因地制宜，并注意节约用地和降低造价。在形式上注重现代化与乡土化的结合，即使用现代环保建筑材料，运用现代建筑技术，建造具有明显地方特色的住宅，如北方采用四合院院落式住宅。

③室内空间生态设计，合理的室内空间是由一定数量的具有不同功能的室内空间组成。无论是生产与生活功能分离还是结合的生态住宅，在室内空间布局上都应做到功能分区、动静分区，分为私密性空间卧室、公共空间门厅、半公共空间起居

室、家务空间、交通空间和一定的与大自然联系的开放空间，如阳台、天井或院落。在门窗走向设计、室内空间组织上应保证自然通风，采用可控天窗装置、可控遮阳装置，最大可能应用自然光照。室内引进适量绿色植物、花卉、虫鱼等，并科学合理搭配，营造室内亲自然的小环境，既增加美感又增强室内环境的生机与活力。

④可再生能源利用：生态住宅中除使用常规的清洁能源，如电能、天然气、煤气等能源外，还应尽量应用太阳能、沼气能、风能等可再生能源。对太阳能的利用目前主要有3种方式：一是太阳能热水器的使用，现在应用比较普遍；二是被动式太阳能暖房，可充分利用太阳能取暖；三是随着光电转换技术的进步，使用光电板发电作为补充能源进行夜间照明。沼气能的使用应与发展养殖结合起来，可以采用家庭分散式或沼气站集中式应用沼气能，既能净化环境又能产生新能源。在风能资源丰富的地区可以直接利用风能发电装置获得清洁能源。

⑤立体绿化美化：立体绿化美化主要包括屋顶覆土种植、墙体绿化、庭院美化设计，是生态住宅的一大特色，不但可以保持乡村的绿色景观，而且有利于调节住宅小气候，利于营造舒适宜人的空间环境。屋顶覆土种植对屋顶建筑要求比较高，要在现浇混凝土屋顶增加防水层、隔离层、排水层，其上覆土，可种植花卉、菜果等高价值作物或绿化植物，不仅可以增加经济效益，还可起到保温纳凉的生态功效。此外，屋面还可设置蓄水池，可供居民养鱼或浇灌绿化、清洁地面和冲刷卫生间等，同时，还可以改善周围小气候。墙体绿化是在墙下种植爬山虎等攀缘植被，以覆盖墙体，减少日光直晒，在夏季起到降温的作用。庭院美化是在庭院内合理搭配种植花草树木，使庭院形成错落有致、四季常青、鸟语花香、通透良好的农家小院。

⑥水的利用与处理：生态住宅中对水的利用与处理是一项重要设计，是体现住宅生态内涵的关键指标。水利用的原则是"循环使用，分流供排"，其设计包括供水系统、污水处理系统、排水系统、雨水收集利用系统。供水系统要根据用水对水质要求的不同实行分流供水，饮用水、厨房用水、淋浴用水与人体健康密切相关，要使用达标的饮用水源；浇灌、冲厕、刷车、景观用水的水质要求不高，可以使用洗浴、厨房排水或雨水等。污水处理系统主要是指对粪便的处理，推广使用家用沼气净化池，做到粪便污水的就地消化、分散处理。排水系统实行"雨污分流"，洗浴、厨房排水冲厕后进入沼气净化池，经处理后排入村内水塘，用于村落景观用水。雨水收集利用或经雨水管道排入村内水塘，补充地下水。庭院内设置雨水收集池，在雨季时收集屋面雨水和地面雨水，另外可作为生活杂排水的排水池，池内可养鱼、种莲，既可以收集雨水，又可作为水景美化庭院环境。

⑦生态经济庭院：村庄庭院生态工程是生态工程当中一个重要的分支，它一般是指在村庄人口居住地与其周边零星土地范围内进行的，应用生态学的理论和系统论的方法，对其环境、生物进行保护、改造、建设和资源开发利用的综合工艺技术体系。村庄庭院本身属于我国村庄和农业生产的一种特殊资源，合理而高效益地开发与利用村庄庭院资源对于我国农业和村庄发展具有重要意义。

在村庄，庭院面积普遍较大，可以利用庭院的土地资源和光热资源，发展庭院经济，种植果树、蔬菜大棚、食用菌、花卉种苗等，养殖猪、鸡、兔、鸟、鱼、虾等小型动物，建设小型家用沼气池，并与村庄"改水、改厕、改厨"结合起来，做好庭院功能分区，使人畜分离、生产、生活适当隔离，优化庭院布局，形成种养结合的生态经济庭院。但在庭院面积较小的村庄，从生态人居的角度考虑，应逐步把畜禽养殖转移至村外养殖小区，使动物生产的功能从庭院中分离出去，增加绿化美化，创造整洁、舒适、美观、卫生的庭院生活环境。

（2）生态村落。村落社区是村庄居民进行休闲、娱乐、公共活动与交流的场所，其空间布局、环境质量、文化氛围都影响到居民的生活质量和心理健康，是体现生态人居的一个重要指标。生态村落的目标是为居民提供舒畅的生活环境，融洽的人文环境和优美的生态环境。生态村落的设计包含两个方面：一是村落功能分区，二是村落景观要素的生态设计。

①村落内各功能区布局：美丽乡村是一个多功能的聚居单元，具有生产、生活、生态的内部功能及教育、旅游、示范的外部功能，从形态上可分为居住区、公共服务区、休闲娱乐区、绿化隔离区、旅游区、种植区、养殖区、工业小区等，各功能区之间既相互独立又相互联系，在布局上或分离或镶嵌，因此，需要合理安排各区布局，避免产生干扰与不良影响。根据中心地理理论及方便生产生活的原则，各功能区布局的结构层次由内向外可分为3层：第一层为商业服务中心兼有文化活动中心或行政中心；第二层为生活居住层，穿插生产功能；第三层为工农业生产活动中心，穿插休闲旅游功能区。3个层次在表现形态上大致有圈层状、弧条状和星指状3种类型。圈层状布局主要应用于平原区，3个层次由内向外呈圈层状向外扩展。弧条状布局是由于受自然地形限制，或由于受交通区位吸引而沿河或公路进行布局设计，为防止用地不断向纵向发展，应利用坡地在横向上做适当发展，建立一定规模的公共中心，引导形成内聚力。星指状布局一般处于由内向外发展状态，要特别注意各类用地的合理功能分区，防止形成相互包围的困境。

②公共活动空间设计：公共活动空间是指村落中居民经常聚集活动的场所，不仅是公共活动的物质环境空间也是居民交往沟通的文化空间，相当于社区的文化交流中心，在居民的精神生活中占有非常重要的地位，公共活动空间的设计有利于增强居民的归属感和认同感，其景观风貌特点、人气景象对社区居民凝聚力、亲和力具有象征意义。

公共活动空间的布局一般位于村落的地理中心、街头巷尾，或与休闲广场、公园、水塘、商业服务机构结合在一起，在表象上往往以一棵古树、一块古碑、一座石碾等作为标志性景观。公共活动空间的设计要充分考虑与其他功能区特别是居住区的关系，要因地制宜，充分体现当地的民风、民俗，并结合时代发展要求，创造丰富多彩、个性鲜明的乡村风貌，保证公共活动空间的开放性、和谐性、凝聚性。

③道路交通设计：美丽乡村的道路交通设计要把握几个原则：一是过境道路要绕村走，避免对村落产生噪声和空气污染。二是主要街道的设计要实行人车分流，保障居民出行安全。三是村内道路不宜太宽，以保障小物种能顺利过路迁移，体现对生物多样性的保护。四是尽量减少地面硬化面积，在一些人行道、停车场等硬地采用硬质软铺装地面设计，铺设小石块或植草砖，中间可以植草绿化，减少地面径流，增加雨水渗透。五是要体现村庄自然特色，增加人情味，居住区内街坊巷道应保持其弯曲活法自然形成的特色，洋溢着亲切自然的生活气息。

④水域景观设计：传统村落中一般都有几个水塘，并且相互连通，在村落中具有重要的生态经济功能，可以增加空气湿度，调节村内小气候，为多种生物提供生境，排洪防涝防火，养鱼养鸭种藕，洗涮垂钓滑冰等。生态村落的设计要保持一定比例的水域面积，使之继续发挥以上功能，并在四周植树绿化，

改造驳岸，营造亲水景观，增加村落的景观要素。水域布局应位于村落的地势低洼处或公共活动空间，自来水可以利用经沼气净化池处理的生活污水和村内汇集的雨水，保持一定的水位，对外与河流、沟渠相连。

⑤村落绿化设计：村落绿化是为居民提供良好人居环境的重要保证，生态村落应是高绿化覆盖率的村落。村落绿化包括庭院绿化、街道绿化、防护林绿化、绿地花园设计等方面。庭院绿化已在生态住宅中阐述，在此不再赘述。街道绿化应形成草本、灌木、乔木相结合的，高低错落有致的立体绿化体系，在品种选择上应充分利用本土品种，慎重选择引进品种，既要考虑绿化的美观，又要照顾绿化的经济性，例如可选择果树核桃、柿子树等或稀有高价值树木银杏等作为绿化品种。防护林绿化是指在村落四周或河流、沟渠、对外交通道路两侧种植高大绿化品种，起到对村落防护与隔离的作用，在树种选择上，以杨、柳、槐树、泡桐等速生经济林为主。绿地花园设计要结合公共活动空间，体现乡村特色，进行乡土化设计，形成有向心力的绿地花园，为居民提供休闲、健身的场所。

## 二、生态产业设计

美丽乡村的生态产业模式设计就是在区域生态经济发展布局的背景下，结合当地的自然资源条件和社会经济条件，在发展生态农业的基础上，按照生态产业的发展规律，逐步发展生态旅游业，有条件的地方建设生态工业园区，实现区域社会经济的生态化发展。其设计不仅要在产业部门系统内进行生态设计，而且还要在各系统之间进行横向祸合，延长产业链，在美丽乡村的大系统内建立整体循环的"食物链"和"食物网"，实现大系统内的物质循环、能量多级利用、有毒有害物质的有效控制，实现对美丽乡村系统外废弃物的"零排放"。

生态产业按照产业部门可分为生态农业、生态工业、生态旅游业、生态服务业、生态林业等。现阶段美丽乡村中生态产业的发展多数以生态农业和生态旅游为主，因此，主要对生态农业和生态旅游的发展模式进行设计。

（1）生态农业。生态农业在我国是发展比较完善的生态产业，也是实现"循环经济"的成功范例。经过多年的发展已初步建立起了生态农业的理论、工程模式、规划设计与评价体系，在振兴村庄经济、改善生态环境和促进社会发展中取得了显著的社会、经济和环境效益，受到国际同行的好评。但是也应该看到，我国生态农业还一直在低技术、低效益、低规模、低循环的传统生态农业层面上徘徊，与产业规模化和村庄现代化的差距还很大。生态农业的发展，只有从农业小循环走向工、农、商结合的产业大循环，从小农经济走向城乡、脑体、工农结合的网络和知识经济，从"小桥、流水、人家"的田园社会走向规模化、知识化、现代化的生态社会，中国村庄才能实现可持续发展。

生态农业在我国结合不同的资源环境条件与社会经济条件，在全国各地创造了许多典型模式，如北方的"四位一体"、南方的"猪——沼——果"、平原区的农牧复合生态模式、西北旱作区的"五配套"生态模式等。但具体到某一特定的生态村，在生态农业整体设计时具体采用哪种模式，应用哪些生态工程技术，生产哪些主导产品，对产品采用什么样的生产标准，应该具体分析该村的自然资源条件、社会经济发展水平、区位条件、交通状况、村民素质等条件，进行有针对性地设计。

对不同条件的美丽乡村发展生态农业可以采用两种形式：一是区域化、规模化、产业化的生态农业，适于农业资源丰富、现代化程度较高的地区。以乡镇为基本组织单位，根据区位优势及资源优势，确定一个主导品种，进行标准化生产，生产绿色食品或有机食品，采用多种形式与公司、科研单位等龙头带动企业合作，进行产业化经营，变生态优势为产品优势，形成地方品牌，参与国际竞争。二是村级生态农业，是发展生态农业的低级形式，适于交通不便、农业生产难于形成特色的地区。以自然村或行政村为基本组织单位，完善农林牧渔复合生态系统，通过食物链加环等形式，以沼气为纽带，构建村级物质循环利用体系，提高生态效率及物质转化速率，发展庭院生态经济，提高农户经营水平。

（2）生态旅游。生态旅游是"以大自然为基础，涉及自然环境的教育、解释与管理，使之在生态上可持续的旅游"。在生态旅游设计要考虑的主要因素包括：①旅游资源的状况、特性及其空间分布；②旅游者的类别、兴趣及其需求；③旅游地居民的经济、文化背景及其对旅游活动的容纳能力；④旅游者的旅游活动以及当地居民的生产和生活活动与旅游环境相融合。发展生态旅游不仅只强调旅游过程中对旅游资源的保护与管理，而且要设法使衣、食、住、行等其他服务产业生态化，发展诸如生态服装、生态商店、生态饭店、生态旅馆、生态交通等，从而扩展生态旅游的外延。自然生物多样性是衡量当地能否开展生态旅游的重要标准。美丽乡村具有较高的生物多样性，结合农业景观及传统民俗文化，可以开发三类旅游资源自然风光、农业风光及民俗文化。

①自然生态旅游：位于山川、森林、草原、湖水等自然风光景区之内的村庄，可以借助自然风光发展自然生态旅游。在制订生态旅游规划时，必须分析生态旅游地的重要性，合理划分功能区，拟定适合动物栖息、植物生长、旅游者观光游览和

居民居住的各种规划方案。充分利用河、湖、山、绿地和气候条件，为游客创造优美的景观，为当地居民创造卫生、舒服和安谧的居住环境。或以自然生态系统的景观为背景，创建不同类型的人工景观生态园，如岩石园、热带风光园、沼泽园、水景园等，利用其特定的小气候、小地形、小生态环境，丰富旅游地的生物种类组成。生态旅游规划应与当地的社会经济持续发展目标相一致。满意的规划不仅应该提出当前旅游活动的场地安排，而且应为未来的旅游发展指出方向，留出空间。

②农业观光旅游：生态农业不仅具有生产功能，而且具有景观美学价值，可以与旅游结合起来发展观光生态农业。观光生态农业是指以生态农业为基础，强化农业的观光、休闲、教育和自然等多功能特点，在此基础上形成的具有第三产业特征的新的农业生产经营方式，是生态农业与观光旅游相结合的产物。发展观光农业不仅可亲近自然，观赏农业景观，而且还可以参观学习现代农业生产的高新技术，体验农作生产，采摘、购买安全绿色新鲜农产品及特色珍贵的农产品，还可以进行垂钓、狩猎、烧烤等休闲活动。具体模式可以根据不同条件选择高科技生态农业园、生态农业公园、生态度假村、生态农庄等模式。

③民俗文化旅游：村庄地区有着丰富的地方传统文化，比如在我们的传统节日例如春节、元宵节、端午节、中秋节等，村庄都有相应的庆祝活动，可以开展游客乐于参与的互动旅游项目。有的村庄具有历史文物景观，可以开展寻古探源的旅游活动。在有些少数民族地区还流传着古老的工艺品加工工艺及巧夺天工的手工艺品，这些都可以作为民俗旅游的资源进行开发。民俗文化的旅游开发既可以弘扬、传承中华民族的传统文明，又可以教育现代人尊重历史、尊重劳动。

### 三、生态环境设计

美丽乡村根植于特定的生态环境中，良好的生态环境是美丽乡村的必要条件。美丽乡村的生态环境建设主要可分为两个方面：一是自然生态系统的保护与建设，二是农业生态环境的保护与建设。

（1）自然生态保护与建设。自然生态保护与建设的目标是科学经营管理自然资源，特别是要加强对不可再生资源的管理，保护森林、草地、河流、湖泊等自然生态环境，对生态破坏的地区进行生态恢复与治理，设立自然保护区，保护湿地等重要生态系统，保护野生动植物等生物资源，保护生物多样性。

自然生态的保护与建设要与当地居民的生计、就业与增收结合起来，通过生态补偿等政策措施与法律措施切实保护好自然生态环境，同时应注意人工环境与生态环境的协调。

（2）农业生态环境建设。现代常规农业生产方式以高投入、高消耗促进了农业生产水平的巨大进步，但同时也带来了严重的生态环境问题，比如，土壤质量的衰减，地下水位的下降与污染，化肥、农药过度使用对农产品的污染，秸秆焚烧对大气的污染，畜禽养殖粪便的随意排放对水体的污染，等等。美丽乡村要改变这种状况，不仅要保持较高的农业生产力，而且要保护利用好农业的生态环境。

山区要退耕还林还草，防止水土流失；平原区要加强农田基本建设，建设农田防护林，推广粮农间作模式。采用农业新技术、新品种，推广科学施肥，增加有机肥用量，提高肥料利用效率，推广生物农药，应用病虫草害综合防治技术，防止化肥、农药的污染。提高水分利用效率，推广节水农业。作物秸秆综合利用，可进行直接还田或过腹还田、堆肥、气化、生产食用菌等。使用可降解农膜，减少农膜对土壤的不良影响。畜禽粪便要进行无害化处理并资源化利用，可生产沼气、堆肥、有机肥等。

# 第四节　美丽乡村规划设计模式

根据以上理论分析，将村庄类型共划分为 4 类：城中村、城边村、典型村以及边缘村。美丽乡村规划主要包括以下几个部分：生态人居设计、生态产业设计、生态环境与生态文化四个部分。

## 一、城中村

（1）涵盖范围。位于城（镇）规划范围内的村庄。近年来，随着城市化进程的加快，城镇建设用地不断向四周扩张，城镇范围进一步扩大，农民土地被征用，将原本属于临近村庄的用地划入城镇中，成为城镇中的村庄，这就是所谓的"城（镇）中村"。

这类村庄因位于城镇区内，本身位于经济辐射的中心地带，因此具有一些其他村庄所没有的便利条件，如某些城镇设施的共享等，但同时又相应的存在一些不利因素。

（2）自身优劣势分析。"城（镇）中村"现象，是我国城市化过程中特有的城市形态，是城市建设急剧扩张与城市管理体制改革相对滞后造成的特殊现象。

①发展优势：城（镇）中村因位于城市之中，在应用城市设施方面具有很大的便利性，例如公园绿地，给水、排水、医疗等设施的共享，这些地区的村民基本没有固定工作，每月通过租赁房屋即可拥有可观收入。

②发展劣势：村庄的建设用地，并未被划为城镇用地，这在某种程度上阻碍了城镇发展，同时其建筑一般由非正规建筑队施工，质量没有保证。另外，村庄内基础设施建设滞后，外来人员居住较多，环境质量状况不容乐观，这些影响了城镇的整体生态景观。

（3）建设目标及建议：村庄用地通过置换进行小区集中性建设，注意小区内部环境与配套生态设施（如中水节能设施）的建设；置换出的用地进行城镇建设尤其是应注意与周围生态小环境的改善。

## 二、城边村

（1）涵盖范围。位于城（镇）郊区，即位于城镇强辐射区的周边村庄。在每个市（镇）区周围都分布着数量不等、规模不同的村庄，这些村庄与其依附的城（镇）市存在着千丝万缕的联系，但对它们的规划与开发建设相对滞后，具体表现在规划水平不高、规划雷同、建设发展无特色等方面。

（2）自身优劣势分析。

1）发展优势：

①靠近市（镇）区，有便利的交通条件。村庄与市（镇）区之间在区位上比较接近，远的不过数公里，近的则不过几百米，甚至有些已经与市区连在一起，它们与市（镇）区之间更容易产生各种各样的联系，无论是发展经济还是进行村庄建设以及信息的获得、交通的便利等都是远离市（镇）区的村庄所无法比拟的。

②便于接受市区的经济辐射。市（镇）区是一定区域内的经济中心，因此都存在一定数量规模的企业，这些企业所需要的一些配件生产就要分散到周围的村庄进行生产。而随着市

（镇）区建设用地的日益紧张，越来越多的房地产项目也迁移到郊区的村庄，带来大量的消费人流。

③充沛的环境资源和生态资源。一般而言，村庄的城镇化程度不高，自然环境就比较优越。近年来，随着国际社会对绿色消费、生态城市的重视，生态资源显得越来越宝贵和稀缺，城郊村庄拥有的生态资源不像偏远村庄那样难以开发，所以价值更高。

④易于利用的人文资源。因为交通便利，城（镇）郊的村可以很好地利用城市里大专院校、科研机构的专家和人才资源，专家可以随时来授课、指导，而很多高校的毕业生也乐意来城郊的村庄工作或生活。如此便为村庄的发展注入了科技的动力。

2）劣势分析：

①富余劳动力多。距离城市越近的地区人口密度越大，相应地出现了人多地少、富余劳动力多的现象。人多地少，这在改革开放之后是个普遍现象，在城（镇）郊村庄中表现得尤为突出。

②人口构成复杂。城（镇）郊村庄一般来说经济比较发达，具有一定的吸引力，因此，不少村庄富余劳动力就自发来到城（镇）郊村庄务工经商。除务工经商人员之外，城（镇）郊村庄还有城市里无房户或者在城市务工经商而租住在城（镇）郊的人员等。

③建设用地剧增，人均耕地锐减。伴随着国民经济和各项社会事业的蓬勃发展、人口数量的不断增加和居住条件的日益改善，人均占有耕地急剧减少，人地关系日趋恶化。村庄扩建，蚕食邻近良田。村庄用地占用的土地有相当一部分是属于经长期耕种而熟化的良田。因此，村庄扩建占地不只是一个数量概念，而且还是一个质量问题，这也是造成全国各地耕地质量普

遍下降的重要原因之一。

（3）建设目标及建议。

①尽量利用市区的便利基础设施，依托市（镇）区进行自身的建设，在用地布局及功能分区方面要与市区形成有机衔接。

②应充分利用便利的交通条件发展有利于村庄生态产业的发展，促进村庄居民收入的增加。

③社会文化设施要放在重要的地位来考虑，在规划的用地布局上予以合理安排，注意体育设施的布置。小绿地、小游园、文化广场都是陶冶人民情操、交流感情、休闲的场所，均予以全面考虑。

④立足自身特色，发展特色产业。每个村庄都有自己独特的地域特色和独有的资源。如何充分合理利用自身资源、发展特色产业是村庄发展的根本。

⑤生态优先，注重可持续发展。村庄一般都有较城市更为良好的生态环境，所以在开发中要特别注意景观生态学思想的应用，理性开发利用土地，走可持续发展的道路。

⑥生态整体网络的建立。城镇与城郊之间属于城乡过渡地带，城郊村的农业用地相对于城镇来说具有更好的也是更直接的生态环境空间网络的完善作用，因此应处理好农业用地生境与城镇环境之间的生态和谐，同时应注意整体生态网络系统的完善。

（4）村庄生态建设模式。这种村庄模式进行生态分区时分为3部分：居住区、观光休闲产业区与农业区。其中观光休闲产业区以小型教育、休闲产业为主，主要服务对象为所属城镇居民。考虑到村庄农业用地较少，以种植经济作物为主，服务对象主要为城镇居民，同时应注意农业用地与城镇景观之间网络体系的建立。设施配置方面主要考虑与城镇的共享，节约经济资金的投人。

## 三、典型村

（1）适用范围。介于城（镇）郊生态村与边远地区生态村之间，这类村庄在村庄里所占数量较多。

（2）优劣势分析。

1）优势分析：作为城（镇）郊村匮乏资源的后备补充。考虑到这类村庄距城（镇）郊较近，针对城（镇）郊村的匮乏资源具有一定的后备补充能力，如大规模的养殖业供应方面等。

2）劣势分析：

①发展目标盲目，环境污染问题逐渐加剧。一方面，由于传统社会结构单一化和原始落后的社区观念未能适应当前的经济发展需要，以致社区缺乏统一的社会经济发展目标和发展动力，一些中小城镇在其城镇总体规划或城镇体系规划中虽然有所涉及，但也只能是有心无力，此外优先发展中心城镇等现行诸多政策也使这些地区短期内无法制定其有效的发展目标。另一方面，众多村庄在近期发展中过于注重短期利益所带来的好处，而忽视了对环境的保护，逐渐出现了大气污染、水质恶化等环境问题，原因主要在于只注重设立新的工业企业，而忽视了对环境造成的负面影响和破坏后的治理等方面。

②基础设施状况较差。村里基础设施配置简单，设施陈旧，和生活有关的基础设施十分落后，如电网老旧、电压不稳、电价昂贵；没有完善的排水系统；大部分地区没有自来水，吃水一般靠自家的水井或是挑水来用，甚至有些地方饮用水水质都达不到国家最低要求；交通、信息状况较差，急待完善，这在很大程度上限制了村庄生活水平的提高。

③村庄用地布局混乱。因为长期缺乏村庄规划设计，村庄

整体布局采用村审批的办法进行，对于工业用地从来不考虑工业对周围环境的影响，出现了工业用地与其他用地相穿插的现象，这在一定程度上影响了村庄的发展，同时也对村庄产生一定的环境污染问题。

（3）建议与目标。为提高村庄的经济竞争力，对这类村庄可进行适当的合并。规划时应注意村中各项功能用地的生态布局，对村庄建设用地进行适当集中，从而可节约各项设施的资金投人力度；根据本村特色产业可进行生态产业定位，适度发展小型旅游景区；另外也应注意在原有产业链的基础上进行产业链的完善，使村庄基本达到零污染；最后在设施配置方面，这类村庄要求配置比较完善。

具体做法如下。

①适时调整行政区划，合理合并自然村落。通过适时调整乡村行政区划、合理进行迁村并点来增强集聚效应和提高规模效益，从而为村庄经济和社会发展节约土地资源。

②完善村中基础设施。尤其是通往城镇道路交通的完善，为村庄经济发展打下坚实基础。完善村中的环卫处理设施，尤其是垃圾处理场。

③完善村中产业布局。尤其是针对城镇匮乏产业。

④村庄生态环境的完善。对村中产业发展应以无污染产业为主，针对一些污染性产业确有需要的也要进行生态环境评估，注意经济与环境之间的和谐。

（4）村庄生态建设模式。从大的方面，村庄进行功能分区可分为3部分，其中生态产业主要结合本村实际情况设置，考虑村庄远离城镇，因此发展产业应以品牌、专业取胜，服务对象为乡邻省份、甚至全国；其农业区主要以种植农产品为主。

## 四、边缘村

（1）适用范围。位于城镇的边缘地区，也可以说是位于两城镇的交界处。这类村庄因为经济落后、与外界联系较少而保留了以前很多的优良传统，且环境景观良好。这类村庄往往处于山区、平原、河谷、盆地等边远地区的村庄地区，这些地区往往由于自身发展经济状况和环境等外部条件的制约，而发展艰难。

这些村庄因为没有什么产业发展，外出打工人员较多，造成本村人口资源流失状况严重，同时因为村庄建设的无序性，土地资源浪费情况在这些地区尤其严重，但这类村庄生态环境状况保存良好。

（2）自身优劣势分析。

1）优势分析：

①生态环境状况整体良好。边远山区因为地理位置特殊，村庄基本没有污染性产业，即使存在数量也极少，其污染程度也远远小于自然环境的净化能力，因此这些地区往往保存有价值极高的自然生态环境。这些地区往往具有生物的多样性，这在城市里以及其他类型的村庄极为少见。

②具有保存价值较高的人文景观。边远地区因所处地理位置关系，长久以来与外界缺乏联系，尤其不容易遭受到历史的变迁、战争的洗礼，因此保存状况良好。例如位于山西省五台县豆村的佛光寺，即为我国唐代木构建筑。

③具有特色的民俗风情。边远地区村庄长久以来因与外界接触较少，所以村里的民情风俗几乎不受外界影响。

2）劣势分析：

①与外界联系极度缺乏，信息闭塞。因为边远地区村庄的

特殊情况，其与外界联系极度缺乏，甚至有些行政村通往乡镇的道路为泥泞土路，到乡镇只能采用步行的方式。同时，村庄居民的主要活动区域和场所仅局限于附近几个同等经济状况的村庄，与外界缺乏有机联系性，因此同质性较强，缺乏能流、信息流之间的有效移动。

②人口流失情况严重。因村子所处地理位置极大地受到周围环境的影响，村民生活环境基本处于比较原始的刀耕火种的生活：肩挑、手提、人牛拉犁……有的山区连人走路都要手脚并用，就更不用提现代化设施的完善了，这导致了大量人员外出打工或外迁，从而促使村中居民进一步减少。

③建设资金筹措困难，缺少相应的体制保障。发展资金问题是限制边远地区村庄发展的重要因素。边远地区村庄发展的必备条件是不可能靠少数人或政府的资助来得到根本解决，交通及社会服务设施等基础建设均需要大量资金，而没有合理的资金分配制度和正确的市场策略是难以保证的，从中央到地方政府都无力长期承担数量巨大的村庄社区所需的配套发展资金，只能发动社区自身的力量和依靠政府的协调来达到筹措资金的目标。因而，只能建立合理的实施资金循环体制才能从根本上解决资金困难问题。

④土地资源浪费严重。在边缘地区，村庄建筑面积一般超过国家规定标准，且布局分散导致村中大量的农业用地变为村庄建设用地或者被荒芜下来。

（3）建议与目标。

①完善村中基础设施的配置：对村中一些陈旧的基础设施进行完善，同时要处理好和外界联系道路的完善。

②主导产业以发展旅游业为主：借助村中特色环境可开发自然探险游、民俗风情游、人文景观游等特色产业，这是边缘

型美丽乡村发展的主要出路。

(4) 村庄生态建设模式。

此类村庄功能共分四个区：居住区、文化民俗旅游区、生态产业区、农业区。这类地区因地处偏僻，与外界联系较少，很多具有传统特色的建筑或技术得以传承，同时还拥有较传统的民俗风情，因此可面向全国发展民俗文化旅游；生态产业可依托旅游业进行发展，农业区种植以农产品为主。

# 第五节　居民点环境小品的规划

## 一、居民点环境小品的分类

居民点环境小品按使用性质划分的种类见表 5 – 1。

表 5 – 1　居民点环境小品的种类

| 项目 | 内容 |
| --- | --- |
| 建筑小品 | 休息亭、廊、书报亭、钟塔、售货亭、商品陈列窗、出入口、宣传廊、围墙等 |
| 装饰小品 | 雕塑、水池、喷水池、叠石、花坛、花盆、壁画等 |
| 公用设施小品 | 路牌、废物箱、垃圾集收设施、路障、标志牌、广告牌、邮筒、公共厕所、自动电话亭、交通岗亭、自行车棚、消防龙头、公共交通候车棚、灯柱等 |
| 游憩设施小品 | 戏水池、游戏器械、砂坑、坐椅、坐凳、桌子等 |
| 工程设施小品 | 斜坡和护坡、台阶、挡土墙、道路缘石、雨水口、管线支架等 |
| 铺地 | 车行道、步行道、停车场、休息广场等的铺地 |

## 二、居民点环境小品规划设计的基本要求

1. 应与居民点的整体环境协调统一

居民点环境小品应与建筑群体、绿化种植等密切配合，综合考虑，要符合居民点环境设计的整体要求以及总的设计构思。

2. 居民点环境小品的设计要考虑实用性、艺术性、趣味性、地方性和大量性

所谓实用性就是要满足使用的要求；艺术性就是要达到美观的要求；趣味性是指要有生活的情趣，特别是一些儿童游戏器械应适应儿童的心理；地方性是指环境小品的造型、色彩和图案要富有地方特色和民族传统；至于大量性，就是要适应居民点环境小品大量性生产建造的特点。

## 三、居民点环境小品的规划布置

（1）建筑小品。休息亭、廊大多结合居民点的公共绿地布置，也可布置在儿童游戏场地内，用以遮阳和休息；书报亭、售货亭和商品陈列橱窗等往往结合公共商业服务中心布置；钟塔可以结合建筑物设置，也可布置在公共绿地或人行休息广场；出入口指居民点和住宅组团的主要出入口，可结合围墙做成各种形式的门洞或用过街楼、雨篷，或其他小品如雕塑、喷水池、花台等组成入口广场。

（2）装饰小品。装饰小品主要起美化居住区环境的作用，一般重点布置在公共绿地和公共活动中心等人流比较集中的显要地段。装饰小品除了活泼和丰富居民点面貌外，还应追求形式美和艺术感染力，可成为居民点的主要标志。

（3）公用设施小品。公共设施小品规划和设计在主要满足

使用要求的前提下，其色彩和造型都应精心考虑，否则有损环境面貌。如垃圾箱、公共厕所等小品，它们与居民的生活密切相关，既要方便群众，但又不能设置过多。照明灯具是公共设施小品中为数较多的一项，根据不同的功能要求有街道、广场和庭园等照明灯具之分，其造型、高度和规划布置应视不同的功能和艺术等要求而异。

公共标志是现代乡镇中不可缺少的内容，在居民点中也有不少公共标志，如标志牌、路名牌、门牌号码等，它给人们带来方便的同时，又给居民点增添美的装饰。道路路障是合理组织交通的一种辅助手段，凡不希望机动车进入的道路、出入口、步行街等，均可设置路障，路障不应妨碍居民和自行车、儿童车通行，在形式上可用路墩、栏木、路面做高差等各种形式，设计造型应力求美观大方。

（4）游憩设施小品。游憩设施小品主要是供居民的日常游憩活动之用，一般结合公共绿地、广场等布置。桌、椅、凳等游憩小品又称室外家具，是游憩小品设施中的一项主要内容。一般结合儿童、成年或老年人活动休息场的布置，也可布置在人行休息广场和林荫道内，这些室外家具除了一般常见形式外，还可模拟动植物等的形象，也可设计成组合式的或结合花台、挡土墙等其他小品设计。

（5）铺地。居民点内道路和广场所占的用地占有相当的比例，因此这些道路和广场的铺地材料和铺砌方式在很大程度上影响居民点的面貌。地面铺地设计是乡镇环境设计的重要组成部分。铺地的材料、色彩和铺砌的方式要根据不同的功能要求选择经济、耐用、色彩和质感美观的材料，为了便于大量生产和施工往往采用预制块进行灵活拼装。

# 第六章　美丽乡村建设与居民建筑规划

## 第一节　美丽乡村居民点住宅用地的规划

### 一、住宅用地规划布置的基本要求

#### 1. 使用要求

住宅建筑群的规划布置要从居民的基本生活需要来考虑，为居民创造一个方便、舒适的居住环境。

居民的使用要求是多方面的。例如，根据住户家庭不同的人口构成和气候特点，选择合适的住宅类型；合理地组织居民户外活动和休息场地、绿地、内外交通等。由于年龄、地区、民族、职业、生活习惯等不同，其生活活动的内容也有所差异，这些差异必然提出对规划布置的一些内容的客观要求，不应忽视。

#### 2. 卫生要求

（1）日照。日光对人的健康有很大的影响，因此，在布置住宅建筑时应适当利用日照，冬季应争取最多的阳光，夏季则应尽量避免阳光照射时间太长。住宅建筑的朝向和间距也就在很大程度上取决于日照的要求，尤其在纬度较高的地区（ф =

45°以上)，为了保证居室的日照时间，必须要有良好的朝向和一定的间距。为了确定前后两排建筑之间合理的间距，须进行日照计算。平地日照间距的计算，一般以农历冬至日正午太阳能照射到住宅底层窗台的高度为依据；寒冷地区可考虑太阳能照射到住宅的墙脚为宜。

当建筑朝向不是正南向时，日照间距应按表6-1中不同方位间距折减系数相应折减。

由于太阳高度角与各地所处的地理纬度有关，纬度越高，同一时日的高度角也就越小。所以在我国一般越往南的地方日照间距越小，相反，往北则越大。根据这种情况，应对日照间距进行适当的调整，表6-2对各地区日照间距系数作出了相应的规定。

表6-1　不同方位间距折减系数

| 方位 | 0°~15° | 15°~30° | 30°~5° | 45°~60° | >60° |
|---|---|---|---|---|---|
| 折减系数 | 1.0L | 0.9L | 0.8L | 0.9L | 0.95L |

注：L为正南向住宅的标准日照间距。

表6-2　我国不同纬度地区建筑日照间距表

| 城市名称 | 纬度(北纬) | 冬至日 | | 大寒日 | | | 现行采用标准 |
|---|---|---|---|---|---|---|---|
| | | 正午影长率 | 日照1h | 正午影长率 | 日照1h | 日照1h | 日照1h |
| 齐齐哈尔 | 47°20′ | 2.86 | 2.68 | 2.43 | 2.27 | 2.32 | 2.43 | 1.8~2.0 |
| 哈尔滨 | 45°45′ | 1.63 | 2.46 | 2.25 | 2.10 | 2.15 | 2.24 | 1.5~1.8 |
| 长春 | 43°54′ | 2.39 | 2.24 | 2.07 | 1.93 | 1.97 | 2.06 | 1.7~1.8 |
| 沈阳 | 41°46′ | 2.16 | 2.02 | 1.88 | 1.76 | 1.80 | 1.87 | 1.1 |
| 北京 | 39°57′ | 1.99 | 1.86 | 1.75 | 1.63 | 1.67 | 1.74 | 1.6~1.7 |
| 天津 | 39°06′ | 1.92 | 1.80 | 1.69 | 1.58 | 1.61 | 1.68 | 1.2~1.5 |

（续表）

| 城市名称 | 纬度（北纬） | 冬至日 | | 大寒日 | | | | 现行采用标准 |
| --- | --- | --- | --- | --- | --- | --- | --- | --- |
| | | 正午影长率 | 日照1h | 正午影长率 | 日照1h | 日照1h | 日照1h | |
| 银川 | 38°29′ | 1.87 | 1.75 | 1.65 | 1.54 | 1.58 | 1.64 | 1.7~1.8 |
| 石家庄 | 38°04′ | 1.84 | 1.72 | 1.62 | 1.51 | 1.55 | 1.61 | 1.5 |
| 太原 | 37°55′ | 1.83 | 1.71 | 1.61 | 1.50 | 1.54 | 1.60 | 1.5~1.7 |
| 济南 | 36°41′ | 1.74 | 1.62 | 1.54 | 1.44 | 1.47 | 1.53 | 1.3~1.5 |

居民的日照要求不仅局限于居室内部，室外活动场地的日照也同样重要。住宅布置时不可能在每幢住宅之间留出许多日照标准以外不受遮挡的开阔地，但可在一组住宅里开辟一定面积的宽敞空间，让居民活动时获得更多的日照。如在行列式布置的住宅组团里，将其中的南一幢住宅去掉1、2单元，就能为居民提供获得更多日照的活动场地。尤其是托儿所、幼儿园等建筑的前面应有更开阔的场地，获得更多的日照，这类建筑在冬至日的满窗日照不少于3h。

（2）朝向。住宅建筑的朝向是指主要居室的朝向。在规划布置中应根据当地自然条件——主要是太阳的辐射强度和风向来综合分析得出较佳的朝向，以满足居室获得较好的采光和通风。

在高纬度寒冷地区，夏季西晒不是主要矛盾，而以冬季获得必要的日照为主要条件，所以，住宅居室布置应避免朝北。在中纬度炎热地带，既要争取冬季的日照，又要避免西晒。在Ⅱ、Ⅲ、Ⅳ气候区，住宅朝向应使夏季风向入射角大于15°，在其他气候区，应避免夏季风向入射角为0°。

（3）通风。良好的通风不仅能保持室内空气新鲜，也有利于降低室内温度、湿度，所以，建筑布置应保证居室及院落有良好的通风条件。特别在我国南方由于地区性气候特点而造成夏季气候炎热和潮湿的地区，通风要求尤为重要。建筑密度过大，居民点内的空间面积过小，都会阻碍空气流通。

在夏季炎热的地区，解决居室自然通风的办法通常是将居室尽量朝向主导风向，若不能垂直主导风向时，应保证风向入射角在 30° ~ 60°。此外，还应注意建筑的排列、院落的组织，以及建筑的体型，使之布置与设计合理，以加强通风效果，如将院落布置敞向主导风向或采用交错的建筑排列，使之通风流畅。但在某些寒冷地区，院落布置则应考虑风砂、暴风的袭击或减少积雪，而采用较封闭的庭院布置。

在居民点和住宅组团布置中，组织通风也是很重要的内容，针对不同地区考虑保温隔热和通风降温。我国地域辽阔，南北气候差异大，各地对通风的要求也不同。炎热地区希望夏季有良好的通风，以达到降温的目的，这时住宅应和夏季主导风向垂直，使住宅立面接受更多、更大的风力；寒冷地区希望冬季尽量少受寒风侵袭，住宅布置时就应尽量多开冬季的主导风向。因此，在居民点和住宅组团布置时，应根据当地不同的季节的主导风向，通过住宅位置、形状的变化，满足通风降温和避风保温的实际要求。

（4）防止噪声。噪声对人的心脏血管系统和神经系统等会产生一定的不良作用。如易使人烦躁疲倦、降低劳动效率、影响睡眠、影响人体的新陈代谢与血压增高，以及干扰和损害听觉等。当噪声大于 150dB 时，则会破坏听觉器官。

一般认为居住房屋室外的噪声不超过 50dB 为宜。避免噪声干扰一般可采取建筑退后道路红线、绿地隔离等措施，或通过建筑布置来减少干扰，如将本身喧闹或不怕喧闹的建筑沿街布置。

（5）空气污染。空气污染除来自工业的污染以外，生活区中的废弃物、炉灶的烟尘、垃圾及车辆交通排放的尾气及灰尘不同程度地污染空气，在规划中应妥善处理，在必要的地段上设置一定的隔离绿地等。

（6）光污染。光污染已经成为一种新的环境污染，它是损害着我们健康的"新杀手"。光污染一般分为白亮污染、人工白昼和彩光污染三种。严重的光污染，其后果就是导致各种眼疾，特别是近视。应采取相应的措施。

（7）电磁污染。随处可见的手机和各地的无线电发射基站，甚至微波炉，都可能产生电磁污染。电磁污染对人体的危害是多方面的，除了引发头晕、头疼外，还会对胎儿的正常发育造成危害。必须引起人们的重视，加以防患。

（8）热污染。大气热污染也称"热岛"现象。热污染是由于日益现代化的工农业生产和人类生活中排出的各种废热所导致的环境污染，它会导致大气和水体的污染。热污染会降低人体的正常免疫功能，对人体健康构成危害。

（9）此外，还有建筑工地所造成的震动扰民污染、单调无味和杂乱无章造成的视觉污染等，也都会对人们健康造成危害。

3. 安全要求

安全要求见表6－3。

表6－3　安全要求

| 项目 | 内容 |
| --- | --- |
| 防火 | 当发生火灾时为了保证居民的安全、防止火灾的蔓延，建筑物之间要保持一定的防火距离。防火距离的大小随建筑物的耐火等级以及建筑物外墙门窗、洞口等情况而异。《建筑设计防火规范》（GB 50016—2006）中有具体的规定 |

（续表）

| 项目 | 内容 |
|---|---|
| 防震 | 地震区必须考虑防震问题。住宅建筑必须采取合理的房屋层数、间距和建筑密度。房屋的层数应符合《建筑抗震设计规范》（GB 50011—2010）要求，房屋体型力求简单。对于房屋防震间距，一般应为两侧建筑物主体部分平均高度的 1.5～2.5 倍。住房的布置要与道路、公共建筑、绿化用地、体育活动用地等相结合，合理组织必要的安全隔离地带 |

### 4. 经济要求

住宅建筑的规划与建设应同乡镇经济发展水平、居民生活水平和生活习俗相适应，也就是说在确定住宅建筑的标准、院落的布置等均需要考虑当时、当地的建设投资及居民的生活习俗和经济状况，正确处理需要和可能的关系。

降低建设费用和节约用地是住宅建筑群规划布置的一项重要原则。要达到这一目的，必须对住宅建筑的相关标准、用地指标严格控制。此外，还要善于运用各种规划布局的手法和技巧，对各种地形、地貌进行合理改造，充分利用，以节约经济投入。

### 5. 美观要求

一个优美的居住环境的形成，不是单体建筑设计所能奏效的，主要还取决于建筑群体的组合。现代规划理论，已完全改变了那种把住宅孤立地作为单个建筑来进行的设计，而应把居住环境作为一个有机整体来进行规划。居民的居住环境不仅要有较浓厚的居住生活气息，而且要反映出欣欣向荣、生机勃勃的时代精神面貌。因此，在规划布置中应将住宅建筑结合道路、绿化等各种要素，运用规划、建筑以及园林等的手法，组织完整的、丰富的建筑空间，为居民创造明朗、大方、优美、生动的生活环境，显示美丽的乡镇面貌。

## 二、平面规划布置的基本形式

住宅建筑的平面布置受多方面因素的影响，如气候、地形、地质、现状条件以及选用的住宅类型都对布局方式产生一定影响，因而形成各种不同的布置方式。规划区的住宅用地，其划分的形状、周围道路的性质和走向，以及现状的房屋、道路、公共设施在规划中如何利用、改造，也影响着住宅的布置方式。因此，住宅建筑的布置必须因地制宜。

住宅组团通常是构成居民点的基本单位。一般情况下，居民点是由若干个住宅组团配合公用服务设施构成居民点，再由几个居民点配合公用服务设施构成住宅区；也就是说，住宅单体设计和住宅组团布置是相互协调和相互制约的关系。

住宅组团布置的主要形式见表6－4。

表6－4 住宅组团布置的主要形式

| 项目 | 内容 |
| --- | --- |
| 行列式 | 行列是指住宅建筑按一定的朝向和合理的间距成行成排地布置。形式比较整齐，有较强的规律性。在我国大部分地区，这种布置方式能使每个住户都能获得良好的日照和通风条件。道路和各种管线的布置比较容易，是目前应用较为广泛的布置形式。但行列式布置形成的空间往往比较单调、呆板，归属感不强，容易产生交通穿越的干扰<br>因此，在住宅群体组合中，注意避免"兵营式"的布置，多考虑住宅建筑组群空间的变化，通过在"原型"基础上的恰当变化，就能达到良好的形态特征和景观效果，如采用山墙错落、单位错接、短墙分隔以及成组改变朝向等手法，即可以使组团内建筑向夏季主导风向敞开，更好地组织通风，也可使建筑群体生动活泼，更好地结合地形、道路，避免交通干扰、丰富院落景观 |

（续表）

| 项目 | 内容 |
| --- | --- |
| 周边式 | 周边式布置是指住宅建筑或街坊或院落周边布置的形式。这种布置形式形成近乎封闭的空间，具有一定的活动场地，空间领域性强。便于布置公共绿化和休息园地，利于组织宁静、安全、方便的户外邻里交往的活动空间。在寒冷及多风砂地区，具有防风御寒的作用，可以阻挡风砂及减少院内积雪。这种布置形式，还可以节约用地和提高容积率。但是这种布置方式会出现一部分朝向较差的居室，在建筑单体设计中应注意克服和解决，努力做好转角单元的户型设计 |
| 点群式 | 点群式是指低层庭院式住宅形成相对独立群体的一种形式。一般可围绕某一公共建筑、活动场地和公共绿地来布置，可利于自然通风和获得更多的日照 |
| 院落式 | 低层住宅的群体可以把一幢四户联排住宅和两幢二户拼联的住宅组织成人车分流和宁静、安全、方便、便于管理的院落。并以此作为基本单元根据地形地貌灵活组织住宅组团和居民点，是一种吸取传统院居民的布局手法形成的一种较有创意的布置形式，但应注意做好四户联排时，中间两户的建筑设计 |
| 混合式 | 混合式一般是指上述四种布置形式的组合方式。最为常见的是以行列式为主，以少量住宅或公共建筑沿道路或院落周边布置，形成半围合的院落 |

### 三、住宅群体的组合方式

#### 1. 成组成团的组合方式

这种组合方式是由一定规模和数量的住宅（或结合公共建筑）成组成团的组合，构成居民点的基本组合单元，有规律地反复使用。其规模受建筑层数、公共建筑配置方式、自然地形、现状条件及居民点管理等因素的影响。一般为1 000~2 000人。住宅组团可由同一类型、同一层数或不同类型、不同层数的住宅组合而成。

成组成团的组合方式功能分区明确，组团用地有明确范围，组团之间可用绿地、道路、公共建筑或自然地形（如河流、地形高差）进行分隔。这种组合方式有利于分期建设，即使在一次建设量较小的情况下，也容易使住宅组团在短期内建成而达到面貌比较统一的效果。

### 2. 成街成坊的组合方式

成街的组合方式是住宅沿街组成带形的空间，成坊的组合方式是住宅以街坊作为一个整体的布置方式。成街的组合方式一般用于乡镇或居民点主要道路的沿线和带形地段的规划。成坊的组合方式一般用于规模不太大的街坊或保留房屋较多的旧居住地段的改建。成街组合是成坊组合中的一部分，两者相辅相成，密切结合，特别在旧居住区改建时，不应只考虑沿街的建筑布置，而不考虑整个街坊的规划设计。

### 3. 院落式的组合方式

这是一种以庭院为中心组成院落，以院落为基本单位组成不同规模的住宅组群的组合方式。院落的布局类型，主要分为开敞型、半开敞型和封闭型几种，宜根据当地气候特征、社会环境和基地地形等因素合理确定。院落式组合方式科学地继承我国民居院落式布局的传统手法，适合于低层和多层住宅，特别是乡镇及村庄的居民点规划设计，由于受生产经营方式及居住习惯的制约，这种方式最为适合。

## 四、住宅群体的空间组合

住宅群体的组合不仅是为了满足人们对使用的要求，同时还要符合工程技术、经济以及人们对美观的需要，而建筑群体的空间组合是解决美观问题的一个重要方面。对立统一法则是建筑群体的空间组合最基本的规律，在群体空间组合中主要应考虑的问题是如何通过建筑物与空间的处理而使之具有统一和谐的风格。其基本构图手法主要有以下几种。

1. 对比

所谓对比就是指同一性质物质的悬殊差别。对比的手法是建筑群体空间构图的一个重要的和常用的手段，通过对比可以达到突出主体建筑或使建筑群体空间富于变化，从而打破单调、沉闷和呆板的感觉。

2. 韵律与节奏

韵律与节奏是指同一形体有规律的重复和交替使用所产生的空间效果。韵律按其形式特点可分为四种不同的类型：

（1）连续的韵律，以一种或几种要素连续、重复的排列而形成，各要素之间保持着恒定的距离和关系，可以无止境地连绵延长。

（2）渐变韵律，连续的要素如果在某一方面按照一定的秩序逐渐变化，例如逐渐加长或缩短，变宽或变窄，变密或变稀等。

（3）起伏韵律，当渐变韵律按照一定规律时而增加，时而减小，犹如波浪起伏，具有不规则的节奏感。

（4）交错韵律，各组成部分按一定规律交织、穿插而形成。各要素互相制约，一隐一现，表现出一种有组织的变化。

以上四种形式的韵律虽然各有特点，但都体现出一种共性——具有极其明显的条理性、重复性和连续性。借助于这一点，在住宅群体空间组合中既可以加强整体的统一性，又可以求得丰富多彩的变化。

韵律与节奏是建筑群体空间构图常用的一个重要手法，这种构图手法常用于沿街或沿河等带状布置的建筑群的空间组合中，但应注意，运用这种构图手法时应避免过多使用简单的重复，如果处理不当会造成呆板、单调和枯燥的感觉，一般说来，简单重复的数量不宜太多。

3. 比例与尺度

在建筑构图范围内，比例的含义是指建筑物的整体或局部在其长宽高的尺寸、体量间的关系，以及建筑的整体与局部、局部与局部、整体与周围环境之间尺寸、体量的关系。而尺度的概念则与建筑物的性质、使用对象密切相关。

一个建筑应有合适的比例和尺度，同样，一组建筑物相互之间也应有合适的比例和尺度的关系。在组织居住院落的空间时，就要考虑住宅高度与院落大小的比例关系和院落本身的长宽比例。一般认为，建筑高度与院落进深的比例在1∶3左右为宜，而院落的长宽比则不宜悬殊太大，特别应避免住宅之间成为既长又窄的空间，使人感到压抑、沉闷。沿街的建筑群体组合，也应注意街道宽度与两侧建筑高度的比例关系。比例不当会使人感到空旷或造成狭长胡同的感觉。一般认为，道路的宽度为两侧建筑高度的3倍左右为宜，这样的比例可以使人们在较好的视线角度内完整地观赏建筑群体。

4. 色彩

色彩是每个建筑物不可分割的特性之一。建筑的色彩最重要的是主导色相的选择。这要看建筑物在其所处的环境中突出到什么程度，还应考虑建筑的功能作用。住宅建筑的色彩以淡雅为宜，使其整体环境形成一种明快、朴素、宁静的气氛。住宅建筑群体的色彩要成组考虑，色调应力求统一协调；对建筑的局部如阳台、栏杆等的色彩可作重点处理以达到统一中有变化。

建筑绿化的配置、道路的线型、地形的变化以及建筑小品等也是空间构图不可缺少的重要辅助手段。

# 第二节  美丽乡村居民点共建筑的规划

## 一、公共建筑的分类和内容

### 1. 社会公益型公共建筑

社会公益型公共建筑主要是由政府部门统管的文化、教育、行政、管理、医疗卫生、体育场馆等公共建筑。这类公共建筑主要为居民点自身的人口服务，也同时服务于周围的居民。其公共建筑配置见表6-5。

表6-5  居民点公共建筑配置表

| 类别 | 项目 | 中心镇 | 一般镇 |
|------|------|--------|--------|
| 行政管理 | 党政、团体机构 | ● | ● |
| | 法庭 | ○ | — |
| | 各专项管理机拘 | ● | · |
| | 居委会 | ● | ● |
| 教育机构 | 专科院校 | ○ | — |
| | 职业学校、成人教育及培训机拘 | ○ | ○ |
| | 高级中学 | ● | ○ |
| | 初级中学 | ● | ● |
| | 小学 | ● | ● |
| | 幼儿园、托儿所 | ● | ● |

（续表）

| 类别 | 项目 | 中心镇 | 一般镇 |
|------|------|--------|--------|
| 文体科技 | 文化站（室）、青少年及老年之家 | | ● |
| | 体育场馆 | | ○ |
| | 科技站 | | ○ |
| | 图书馆、展览馆、博物馆 | | ○ |
| | 影剧院、游乐健身场 | | ○ |
| | 广播电视台（站） | | ○ |
| | 计划生育站（组） | | ● |
| | 防疫站、卫生监督站 | | ● |
| 医疗保健 | 医院、卫生院、保健站 | | ○ |
| | 休疗养院 | ○ | |
| | 专科诊所 | ○ | ○ |
| 商业金融 | 百货店、食品店、超市 | | |
| | 生产资料、建材、日杂商店 | | |
| | 粮油店、药店 | | |
| | 燃料店（站） | | |
| | 文化用品店、书店 | | |
| | 综合商店 | | |
| | 宾馆、旅店 | | |
| | 饭店、饮食店、茶馆 | | |
| | 理发馆、浴室、照相馆 | | |
| | 综合服务站 | | |
| | 银行、信用社、保险机构 | | |

（续表）

| 类别 | 项目 | 中心镇 | 一般镇 |
|------|------|--------|--------|
| 集贸市场 | 百货市场 | | |
| | 蔬菜、果品、副食市场 | | |
| | 粮油、土特产、畜、禽、水产市场 | | |
| | 燃料、建材家具、生产资料市场 | 根据镇的特点和发展需要设置 | |
| | 其他专业市场 | | |

注：表中●——应设的项目；○——可设的项目。

2. 社会民助型公共建筑

社会民助型公共建筑指可市场调节的第三产业中的服务业，即国有、集体、个体等多种经济成分，根据市场的需要而兴建的、与本区居民生活密切相关的服务业。如日用百货、集市贸易、食品店、粮店、综合修理店、小吃店、早点部、娱乐场所等服务性公共建筑。

民助型公共建筑有以下特点。

（1）社会民助型公共建筑与社会公益型公共建筑的区别在于，前者主要根据市场需要决定其是否存在，其项目、数量、规模具有相对的不稳定性，定位也较自由，后者承担一定的社会责任，由于受政府部门管理，稳定性相对强些；

（2）社会民助型公共建筑中有些对环境有一定的干扰或影响，如农贸市场、娱乐场所等建筑，宜在居民点内相对独立的地段设置。

## 二、居民点公共建筑的规划布置

公共建筑配置规模与所服务的人口规模相关，服务的人口规模越大，公共建筑配置的规模也越大；小区公共建筑配置的规模还与距城市及镇区距离相关，距城市、镇区的距离越远，小区公共建筑配置规模相应越大；同时，公共建筑配置规模与产业结构及经济发展水平相关，第二三产业比重越大，经济发展水平越高，公共建筑配置规模就相应大些。由此看来，小区的公共建筑的配置，应因地制宜，结合不同乡镇的具体情况，分别进行不同的配置。

1. 小区公共建筑项目的合理定位

（1）新建小区公共建筑项目的定位方式见表6-6。

表6-6 新建小区公共建筑项目的定位方式

| 项目 | 内容 |
| --- | --- |
| 在小区地域的几何中心成片集中布置 | 此方式服务半径小，便于居民使用，利于居民点内景观组织，但购物与出行路线不一致，再加上位于小区内部，不利于吸引过路顾客，一定程度上影响经营效果。在居民点中心集中布置公共建筑的方式主要适用于远离乡镇交通干线，更有利于为本小区居民服务 |
| 沿小区主要道路带状布置 | 此方式兼为本区及相邻居民和过往顾客服务，经营效益较好，有利于街道景观组织，但居民点内部分居民购物行程长，对交通也有干扰。沿小区主要道路带状布置公共建筑主要适合于乡镇镇区主要街道两侧的小区 |
| 在小区道路四周分散布置 | 此方式兼顾本小区和其他居民使用方便，可选择性强，但布点较为分散，难以成规模，主要适用于居民点四周为镇区道路的居民点 |
| 在小区主要出入口处布置 | 此方式便于本小区居民上下班使用，也兼为小区外的附近居民使用，经营效益好，便于交通组织，但偏于居民点的一角，对规模较大的小区来说，居民到公共建筑中心远近不一 |

（2）旧区改建的公共建筑定位。居民点若改建，可参照定位方式，对原有的公共建筑布局作适当调整，并进行部分的改建和扩建，布局手法要有适当的灵活性，以方便居民使用为

原则。

2. 公共建筑的布置形式

（1）带状式步行街。如图6-1所示。这种布置形式经营效益好，有利于组织街景，购物时不受交通干扰。但较为集中，不便于就近零星购物，主要适合于商贸业发达、对周围地区有一定吸引力的小区。

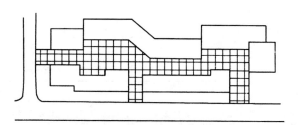

**图6-1　带状式步行街**

（2）环广场周边庭院式布局。如图6-2所示。这种布局方式有利于功能组织、居民使用及经营管理，易形成良好的步行购物和游憩休息的环境，一般采用的较多。但因其占地较大，若广场偏于规模较大的居民点的一角，则居民行走距离长短不一。适合于用地较宽裕，且广场位于乡镇的居民点中心。

（3）点群自由式布局。一般说来，这种布局灵活，可选择性强，经营效果好，但分散，难以形成一定的规模、格局和气氛。除特定的地理环境条件外，一般情况下不多采用。

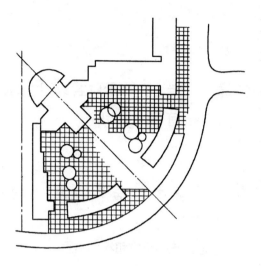

**图 6 – 2　环广场周边庭院式布局**

# 第七章 美丽乡村建设与绿地道路规划

## 第一节 美丽乡村居民点绿地的规划

### 一、居民点绿地系统的组成和绿化标准

1. 居民点绿地的组成

乡镇居民点的绿地系统由公共绿地、专用绿地、宅旁和庭院绿地、道路绿地等构成。其各类绿地所包含的内容见表7-1。

表7-1 居民点绿地的组成及其内容

| 项目 | 内容 |
| --- | --- |
| 公共绿地 | 指居民点内居民公共使用的绿化用地。如居民点公园、林荫道、居住组团内小块公共绿地等，这类绿化用地往往与居民点内的青少年活动场地、老年人和成年人休息场地等结合布置 |
| 专用绿地 | 指居民点内各类公共建筑和公用设施等的绿地 |
| 宅旁和庭院绿地 | 指住宅四周的绿化用地 |
| 道路绿地 | 指居民点内各种道路的行道树等绿地 |

2. 居民点绿地的标准

居民点绿地的标准是用公共绿地指标和绿地率来衡量的。

居民点的人均公共绿地指标应大于 $1.5m^2$/人；绿地率（居民点用地范围内各类绿地的总和占居民点用地的比率）的指标应不低于30%。

## 二、居民点绿地的规划布置

1. 小区绿地规划设计的基本要求

（1）根据居民点的功能组织和居民对绿地的使用要求，采取集中与分散、重点与一般，点、线、面相结合的原则，以形成完整统一的居民点绿地系统，并与村镇总的绿地系统相协调。

（2）充分利用自然地形和现状条件，尽可能利用劣地、坡地、洼地进行绿化，以节约用地，对建设用地中原有的绿地、湖河水面等应加以保留和利用，节省建设投资。

（3）合理地选择和配置绿化树种，力求投资少，收益大，且便于管理，既能满足使用功能的要求，又能美化居住环境，改善居民点的自然环境和小气候。

2. 绿地规划布置的基本方法

（1）"点"、"线"、"面"相结合。以公共绿地为点，路旁绿化及沿河绿化带为线，住宅建筑的宅旁和宅院绿化为面，三者相结合，有机地分布在居民点环境之中，形成完整的绿化系统。

（2）平面绿化与立体绿化相结合。立体绿化的视觉效果非常引人注目，在搞好平面绿化的同时，也应加强立体绿化，如对院墙、屋顶平台、阳台的绿化，棚架绿化以及篱笆与栅栏绿化等。立体绿化可选用爬藤类及垂挂植物。

（3）绿化与水体结合布置，营造亲水环境。应尽量保留、整治、利用小区内的原有水系，包括河、渠、塘、池。应充分利用水源条件，在小区的河流、池塘边种植树木花草，修建小游园或绿化带；处理好岸形，岸边可设置让人接近水面的小路、台阶、平台，还可设花坛、座椅等设施；水中养鱼，水面可种植荷花。

（4）绿化与各种用途的室外空间场地、建筑及小品结合布置。结合建筑基座、墙面，可布置藤架、花坛等，丰富建筑立面，柔化硬质景观；将绿化与小品融合设计，如坐凳与树池结合，铺地砖间留出缝隙植草等，以丰富绿化形式，获得彼此融合的效果；利用花架、树下空间布置停车场地；利用植物间隙布置游戏空间等。

（5）观赏绿化与经济作物绿化相结合。乡镇居民点的绿化，特别是宅院和庭院绿化，除种植观赏性植物外，还可结合地方特色种植一些诸如药材、瓜果和蔬菜类的花和植物。

（6）绿地分级布置。居民点内的绿地应根据居民生活需要，与小区规划组织结构对应分级设置，分为集中公共绿地、分散公共绿地，庭院绿地及宅旁绿地等四级。绿地分级配置要求，见表7-2。

表 7 - 2　绿地分级设置要求

| 分级 | 属性 | 绿地名称 | 设计要求 | 最小规模（m²） | 最大步行距离（m²） | 空间属性 |
|------|------|----------|----------|------|------|------|
| 一级 | 点 | 集中公共绿地 | 配合总体，注重与道路绿化衔接；位置适当，尽可能与小区公共中心结合布置；利用地形，尽量利用和保留原有自然地形和植物；布局紧凑，活动分区明确；植物配植丰富、层次分明 | ≥750 | ≤300 | 公共 |
| 二级 | | 分散公共绿地 | 有开敞式或半开敞式；每个组团应有一块较大的绿化空间；弛化低矮的灌木、绿篱、花草为主，点缀少量高大乔木 | ≥200 | ≤150 | |
| | 线 | 道路绿地 | 乔木、灌木或绿篱 | | — | |
| 三级 | | 庭院绿地 | 以绿化为主；重点考虑幼儿、老人活动场所 | ≥50 | 酌定 | 半公共 |
| 四级 | 面 | 宅旁绿化和宅院绿化 | 宅旁绿地以开敞式布局为主；庭院绿地可为开敞式或封闭式；注意划分出公共与私人空间领域；院内可搭设棚架、布置水池，种植果树、蔬菜、芳香植物；利用植物搭配、小品设计增强标志性和可识别性 | | 酌定 | 半私密 |

### 三、居民点绿化的树种选择和植物配置

在选择和配置居民点绿化植物时，原则上应考虑以下几点。

（1）居民点绿化是大量而普遍的绿化，宜选择易管理、易生长、省修剪、少虫害和产于当地具有地方特色的优良树种，一般以乔木为主，也可考虑一些有经济价值和药用价值的植物。在一些重点绿化地段，如居民点的入口处或公共活动中心，则可先种一些观赏性的乔、灌木或少量花卉。

（2）要考虑不同的功能需要，如行道树宜选用遮阳力强的阔叶乔木，儿童游戏场和青少年活动场地，忌用有毒或带刺植物，而体育运动场地则避免采用大量扬花、落果、落花的树木等。

（3）为了使居民点的绿化面貌迅速形成，尤其是在新建的居民点，可选用速生和慢生的树种相结合，以速生树种为主。

（4）居民点绿化树种配置应考虑四季景色的变化，可采用当地常用的乔木与灌木，常绿与落叶以及不同树姿和色彩变化的树种，搭配组合，以丰富居民点的环境。

（5）居民点各类绿化种植与建筑物、管线和构筑物的间距见表 7-3。

表 7-3　种植树木与建筑、构筑物、管线的水平距离

| 名称 | 最小间距（m） | | 名称 | 最小间距（m） | |
| --- | --- | --- | --- | --- | --- |
| | 至乔木中心 | 至灌木中心 | | 至乔木中心 | 至灌木中心 |
| 有窗建筑物外墙 | 3.0 | 1.5 | 给水管、闸 | 1.5 | 不限 |
| 无窗建筑屋外墙 | 2.0 | 1.5 | 污水管、雨水管 | 1.0 | 不限 |
| 道路侧面、挡土墙却、陡坡 | 1.0 | 0.5 | 电力电缆 | 1.5 | |

（续表）

| 名称 | 最小间距（m） | | 名称 | 最小间距（m） | |
|------|------|------|------|------|------|
| | 至乔木中心 | 至灌木中心 | | 至乔木中心 | 至灌木中心 |
| 人行道边 | 0.75 | 0.5 | 热力管 | 2.0 | 1.0 |
| 高2m以下围墙 | 1.0 | 0.75 | 弱电电缆沟、电力电信杆、路灯电杆 | 2.0 | |
| 体育场地 | 3.0 | 3.0 | | | |
| 排水明沟边缘 | 1.0 | 0.5 | 消防龙头 | 1.2 | 1.2 |
| 测量水准点 | 2.0 | 1.0 | 煤气管 | 1.5 | 1.5 |

# 第二节　美丽乡村居民点道路的规划

## 一、居民点道路分级及功能

乡镇居民点道路系统由小区级道路、划分住宅庭院的组群级道路、庭院内的宅前路及其他人行路三级构成。其功能如下。

（1）小区级道路是连接居民点主要出入口的道路，其人流和交通运输较为集中，是沟通整个小区性的主要道路。道路断面以一块板为宜，辟有人行道。在内外联系上要做到通而不畅，力戒外部车辆的穿行，但应保障对外联系安全便捷。

（2）组群级道路是小区各组群之间相互沟通的道路。重点考虑消防车、救护车、住户小汽车、搬家车以及行人的通行。道路断面一块板为宜，可不专设人行道。在道路对内联系上，要做到安全、快捷地将行人和车辆分散到组群内并能顺利地集中到干路上。

（3）宅前路是进入住宅楼或独院式各住户的道路，以人行为主，还应考虑少量住户小汽车、摩托车的进入。在道路对内联系中要做到能简捷地将行人输送到支路上和住宅中。

## 二、居民点道路系统的基本形式

居民点道路系统的形式应根据地形、现状条件、周围交通情况等因素综合考虑，不要单纯追求形式与构图。居民点内部道路的布置形式有内环式、环通式、尽端式、半环式、混合式等，在地形起伏较大的地区，为使道路与地形紧密结合，还有树枝形、环形、蛇形等。

居民点内部道路的布置形式居民点道路系统的基本形式见表 7 - 4。

表 7 - 4　居民点道路系统的常见形式的特点

| 形式 | 特点 |
| --- | --- |
| 环通式 | 环通式的道路布局是目前普遍采用的一种形式，环通式道路系统的特点是，居民点内车行和人行通畅，住宅组群划分明确，便于设置通的工程管网，但如果布置不当，则会导致过境交通穿越小区，居民易受过境交通的干扰，不利于安静和安全 |
| 尽端式 | 尽端式道路系统的特点是，可减少汽车穿越干扰，宜将机动车辆交通集中在几条尽端式道路上，步行系统连续，人行、车行分开，小区内部居住环境最为安静、安全，同时可以节省道路面积，节约投资，但对自行车交通不够方便 |
| 混合式 | 混合式道路系统是以上两种形式的混合，发挥环通式的优点，以弥补自行车交通的不便，保持尽端式安静、安全的优点 |

## 三、居民点道路系统的布置方式

1. 车行道、人行道并行布置

（1）微高差布置。人行道与车行道的高差为 30cm 以下，如

图7-1所示。这种布置方式方便行人上下车，道路的纵坡比较平缓，但大雨时，地面迅速排除水有一定难度，这种方式主要适用于地势平坦的平原地区及水网地区。

**图7-1 微高差布置**

（2）大高差布置。人行道与车行道的高差在30cm以上，隔适当距离或在合适的部位应设梯步将高低两行道联系起来，如图7-2所示。这种布置方式能够充分利用自然地形，减少土石方量，节省建设费用，且有利于地面排水，但行人上下车不方便，道路曲度系数大，不易形成完整的居民点的道路网络，主要适用于山地、丘陵地的居民点。

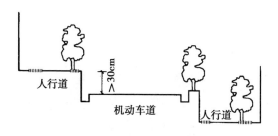

**图7-2 大高差布置**

（3）无专用人行道的人车混行路。这种布置方式已为各地居民点普遍使用，是一种常见的交通组织形式，比较简便、经济，但不利于管线的敷设和检修，车流、人流多时不太安全，主要适用于人口规模小的居民点的干路或人口规模较大的居民点支路。

2. 车行道、人行道独立布置

独立布置这种布置方式应尽量减少车行道和人行道的交叉，减少相互间的干扰，应以并行布置和步行系统为主来组织道路交通系统，但在车辆较多的居民点内，应按人车分流的原则进行布置。适合于人口规模比较大、经济状况较好的乡镇居民点。

（1）步行系统。由各住宅组群之间及其与公共建筑、公共绿地、活动场地之间的步行道构成，路线应简捷，无车辆行驶。步行系统较为安全随意，便于人们购物、交往、娱乐、休闲等活动。

（2）车行系统。道路断面无人行道，不允许行人进入，车行道是专为机动车和非机动车通行的，且自成独立的路网系统。当有步行道跨越时，应采用信号装置或其他管制手段，以确保行人安全。

# 第八章　美丽乡村与排水规划

## 第一节　资料收集与处理模式的选择

### 一、资料收集

（1）规划村庄排水现状，包括污水组成与水质、污水量、室内污水设施情况、污水排放方式、排放水体、污水综合利用需求、污水处理设施及其运行管理、管网建设情况。

（2）规划村庄相关规划，包括总体规划、建设规划、专项规划等。

（3）规划村庄水体环境评价报告。

### 二、排水范围界定

指村庄总体规划所包括的农村居民生活的聚居区域内的工程排水范围。

### 三、排水量与规模预测

1. 规划排水量

规划排水量是指农户排放的可收集污水量，即通过污水系统可收集的污水量。

根据来源和性质，农村排水可分为 3 类，即生活污水、工业废水和降水。

（1）生活污水。生活污水是指居民日常生活活动中所产生的污水。其来源为住宅、工厂的生活污水和学校、商店等公共场所等排水的污水。

生活污水量一般可采取与农村生活用水量相同的定额，若室内卫生设施不完善，流入污水管网的生活污水远远少于用水量。污水量与用水量一样，是根据卫生设备情况而定。综合生活污水量宜根据其综合生活用水量乘以其排放系数 0.60 ~ 0.80 确定。生活污水量总变化系数，随污水平均日流量而不同，其数值为 2.3 ~ 1.2；污水流量越大，总变化系数越小。

（2）工业废水。工业废水包括生活污水和生产废水（指有轻度污染的废水或水温升高的冷却废水）两种。工业废水量根据乡镇企业的设备和生产工艺过程来决定，这要由工厂提供数据。

（3）降水。降水包括地面径流的雨水和冰雪融化水。降水量可根据降雨强度、汇水面积、径流系数计算而得。

2. 污水排放量预测

污水排放量预测应依据规划水平年的人口、工业产值等社会经济指标，选择适当的模型与方法，如回归分析法、系统动力学法、arma 模型、灰色预测模型、BP 人工神经网络、指标分析法、排水量等，测算村庄生活污水排放量。亦可根据污染物排放量与供水量之间的关系，推求规划水平年的污水排放量，即由综合用水量（平均日）乘以污水排放系数再求和确定。通常排放系数为 0.6 ~ 0.8。

### 四、污水排放量和水质特点分析

1. 污水排放量特点

污水排放量的大小与当地的经济条件、气候条件、生活习惯、卫生设备的采用密切相关。由于负担的排水面积小，总污水量较小，一天内的水量水质变化幅度较大，频率较高。污水排放特点与村庄居民用水集中时间有关，一天中的中午与下午6：00左右为高峰，午夜为低谷。整体来说，村庄污水排放量小，排放呈间歇性，即污水流量变化系数大，一般达到3~6。

2. 污染物成分分析

排放的污水包括厨房污水、洗盥污水、洗涤污水、粪便污水。其水质的特点为SS浓度和COD浓度大、氮磷浓度高、可生化性高、有机物易降解。

### 五、处理模式的选择

结合村庄布局特点，主要采用五种形式，即联村合建、集中处理、分散处理、单户处理和接入城镇污水管网。

（1）联村合建。在村庄集聚程度较高、环境敏感地区、水环境容量有限区域及处于水源保护区内、水源匮乏考虑污水回用的地区，宜采用联村合建污水系统。

（2）集中处理。主要针对住户集中、经济富裕、地势平坦的村庄，修建污水管网将村庄污水统一收集，集中处理，达标后统一排放或综合利用。

（3）分散处理。根据当地地形，以河沟、坎丘、山冈等地物为界，自流就近收集，分散处理。尽量减少输送污水管渠的长度，节省管渠造价。因为在污水处理工程投资中，管道造价所占比例很大。

（4）单户处理。每家每户建造一个污水处理设施，家庭产生的粪便水与生活废水则通过污水处理设施进行处理。彻底避免了建造高耗资的下水道系统来对粪尿及生活废水进行远距离输送和集中处理，节省了成本。也可结合家庭沼气池合建，实现家庭沼气的综合利用。局限是人与污水、废水及湿地过于接近，人居环境会受到一定的影响，各家各户需要一定的维护、管理知识和技能。

（5）接入城镇污水管网。处于城镇边缘或城镇内部的村庄，污水可就近排入城镇污水管网，实行统一处理。

## 六、排水体制规划

村庄排水体制的选择应结合当地经济发展条件、自然地理条件、居民生活习惯、原有排水设施以及污水处理和利用等因素综合考虑确定。新建村庄、经济条件较好的村庄，宜选择建设有污水排水系统的不完全分流制或有雨水、污水排水系统的完全分流制。经济条件一般且已经采用合流制的村庄，在建设污水处理设施前应将排水系统改造为截留式合流制或分流制，远期应改造为分流制。

1. 完全分流制

完全分流制具有污水和雨水两套排水系统，污水排至污水处理设施进行处理，雨水通过独立的排水管渠排入水体。

2. 不完全分流制

不完全分流制是只有污水系统而没有完全的雨水系统。污水通过污水管道进入污水处理设施进行处理；雨水自然排放。

3. 截留式合流制

截留式合流制是在污水进入处理设施前的主干管上设置截流井或其他截流措施。晴天和下雨初期的雨污混合水输送到污水处理设施，经处理后排入水体；随着雨量增加，混合污水量超过主干管的输水能力后，截流井截流部分雨污混合水直接排入水体。

# 第二节　污水处理厂厂址选择

## 一、村庄污水受纳体的选择

村庄污水受纳体指接纳村庄雨水和达标排放污水的地域，包括受纳水体与受纳土地。受纳水体是天然江、河、湖、海和水库、运河等地表水体；受纳土地是荒废地、劣质地、山地、空闲池塘、低洼土地以及受纳农业灌溉用水的农田等受纳土地。

污水受纳水体应满足其水域的环境保护要求，有足够的环境容量，雨水受纳水体应有足够的排泄能力或容量；受纳土地应具有环境容量，符合环境保护和农业生产的要求。

## 二、污水处理站的选择

排水工程中的污水处理站应结合村域范围，综合确定厂址位置。通常选择在村庄水体的下游，与居住小区或公共建筑物之间有一定的卫生防护地带，卫生防护地带一般采用300m，处理污水用于农田灌溉时宜采用500～000m；选在村庄夏季最小频率风向的上风侧；选在村庄地势低的地区，有适当的坡度，满足污水在处理流程上的自流要求；宜选在无滑坡、无塌方、地下水位低、土壤承载力较好（一般要求在 $15kg/cm^2$ 以上）地区；不宜设置在不良地质地段和洪水淹没、内涝低洼地区；尽量少占用或不占用农田。

# 第三节 污水处理工艺

## 一、污水处理与利用规划

水资源不足的地区宜合理利用经处理后符合标准的污水作为河湖景观用水或农田灌溉用水，执行《农田灌溉水质标准》（GB 20922—2007）和《再生水回用于景观水体的水质标准》（CJ/T 95—2000）。未被利用的污水应经处理达标后排入受纳水体，污水应符合《污水综合排放标准》（GB 8978—1996）的要求。污水排入水体时应结合受纳水体的环境容量，按污染物总量控制与浓度控制相结合的原则确定处理程度。

## 二、污水处理工艺技术选择

应因地制宜，选择经济、节能、稳定、有效、易维护的污水处理工艺。处理工艺有两种：一种是以采用自然净化系统为主，辅以必要的配套设施，尽量减少污水工程的基建投资；另一种是集成一体化污水处理设备。

1. 工艺选择原则

净化工艺的选定以能在当地持续长期运行的永久性工程为出发点，应维护管理简单，便于长效管理。净化水质宜符合当地的排放标准，包括在雨季或冬季等不利时期，全年均能保证当地居民的身体健康和环境质量。净化工程不宜对周围环境构

成二次危害，防止土壤板结，影响植物生长，也避免散发臭气
影响周围居民。

2. 污水处理技术

自然净化系统主要分土地处理系统、稳定塘处理系统和湿
地处理系统三大类。土地处理系统主要由土壤层作为净化介质，
包括地表渗滤和地下渗滤。稳定塘处理系统主要由藻菌共生生
物体作为净化手段，包括好氧塘、兼性塘和厌氧塘。湿地处理
系统是由土壤层、藻菌浮游生物和水生植物作为净化手段，包
括表流湿地和潜流湿地。经国内外大量工程实践证实，在有效
管理下，自然净化系统可保护居民的身体健康和环境质量。上
述三类自然净化系统的净化机理各有特点，在开发和应用有关
自然净化系统时，应结合当地的地质、气候和地形等自然条件
慎重选用。

随着自动化程度的提高和设备集成化的飞速发展，小型污
水处理集成化设备逐渐成为村庄污水处理工程的首选，它具有
自动化、耗电少、易维修、占地小、投资低等突出优点。常用
的污水处理工艺主要有无动力厌氧技术、微动力好氧技术等。
具体如生物接触氧化法、膜生物反应器工艺（MBR）、组合式地
埋曝气处理工艺、CASS/SBR 技术等。

3. 污水处理工艺分区域对比选择

污水处理工艺选择主要有两个约束条件：温度与占地面积。
由于污水处理工艺大多采用生物处理，温度是主要制约因素之
一。中国南方、北方农村分布布局不同，北方分散，南方相对
集中，是否采用自然净化处理（人工湿地），占地面积也是污水
处理工艺选择的主要约束条件。

# 第九章　美丽乡村建设及供电规划

## 第一节　村庄电力负荷预测分析

### 一、村庄电力负荷预测概念

村庄电力负荷是指供电区域范围内有支付能力的用户对电力的需求量。农村电力负荷预测结果是农村供电规划的依据。因此应充分掌握村庄历年用电量和负荷变化的情况，研究村庄电力负荷变化规律，合理地选择预测方法，使预测值的准确度满足相应规划的要求。

### 二、村庄电力负荷预测内容

村庄电力负荷预测内容包括规划期目标的用电量、最大有功负荷和无功负荷及其分布。此外，对电源节点与主干线的年、季、日负荷曲线的主要特征也应作出相应的估算。

村庄的负荷预测可分区、分行业、分电压进行。按电压层次预测或预测全区总负荷，应计入本级及以下各级电网的网损。

村庄电力负荷预测需要收集的资料与采用的分析方法有关，包括：

（1）村庄所属乡镇总体规划中的有关指标和村庄新增重大项目的用电规划。

（2）本地区用电负荷历史资料和与用电有关的其他统计（如经济、人口、气象、水文）资料等。

（3）上级电力系统规划中与本地区电网有关部分的资料。

（4）村庄内用电大户负荷预测的参考资料。

### 三、电力负荷预测方法

（1）总量预测：影响农村电力负荷预测的因素有很多，预测农村电力负荷又有许多不确定性。目前应用于电力负荷总量预测的方法主要包括：线性回归法、非线性回归法、人工神经网络法、弹性系数法。表9－1概括了部分常用农村电力负荷预测的方法。

表9－1　常用农村电力负荷预测方法的特点

| 方法 | 特点 | 要求 |
| --- | --- | --- |
| 线性回归法 | 假设自变量与因变量之间存在线性关系 | 为变量收集历史数据，此项工作是预测中最费时的 |
| 非线性回归法 | 假设因变量与一个自变量或多个其他变量之间存在某种非线性关系 | 需要收集历史数据，并用几个非线性模型试验 |
| 人工神经网络法 | 因变量与一个或多个自变量之间存在某种非线性关系 | 需要大量历史数据进行模型试验 |
| 弹性系数法 | 主要考虑经济增长和电力增长的关系 | 需要收集弹性系数的历史资料 |

（2）空间电力负荷预测：空间电力负荷预测是村庄电网规划的重要内容，空间电力负荷预测不仅可以预测未来需求的电量，而且还可以提供电力需求及其增长的位置信息，即当前和未来电力需求的空间分布，只有确定了供电区域内负荷的空间分布才能对变电站的位置、容量、馈线的型号、路径，开关设备的装设以及他们的投入时间等决策变量进行规划。

　　我国村庄之间由于经济、气候、生活习惯差异巨大，以及负荷密度的资料收集研究较少，尚没有规范的负荷密度用电指标，参考城镇分类综合用电指标，拟定村庄分类综合用电指标见表9-2。

表9-2　农村分类综合用电指标参考

| 用地分类及其代号 | | | 综合用电指标 | 备注 |
|---|---|---|---|---|
| 居住用地（R） | 一类居住用地 | 高级住宅别墅 | 25~40W/m² | 按每户2台及以上空调、2台热水器、洗衣机、电灶、家庭全电气化 |
| | 二类居住用地 | 中级住宅 | 15~25W/m² | 按有空调、电热水器、电灶，家庭基本电气化 |
| | 三类居住用地 | 普通住宅 | 10~15W/m² | 无空调、电热水器，一般电气化 |
| 公共设施用地（C） | 行政办公用地 | | 15~20W/m² | 村委会 |
| | 商业金融用地 | | 20~30W/m² | 超市、商店、电信营业厅 |
| | 文化娱乐用地 | | 15~25W/m² | 老年活动中心 |
| | 医疗、卫生 | | 15~25W/m² | 医疗所 |
| 道路广场（S） | 道路 | | 0.5~1W/m² | |
| | 广场 | | 1~2W/m² | |

# 第二节　电源规划

　　电源规划是指村庄利用小水电站、小型太阳能电站、风能电站和其他能源进行农村电源建设，增加村庄电力供应。

## 一、小型水电站

　　通常的大型水电属于传统能源，而小水电属于新能源。国家于 2005 年 2 月颁布的《可再生能源法》鼓励包括小水电在内的可再生能源的开发。我国水电资源丰富，特别是广大农村和偏远山区可根据水电资源情况，规划小型水电站，提高地区用电质量。我国小水电资源主要分布在两湖、两广、河南、浙江、福建、江西、云南、四川、新疆和西藏等。这些省区的可开发的小水电资源约占全国的 90%。

## 二、太阳能电源

太阳能是一种新兴的可再生清洁能源，但目前利用太阳能发电还存在成本高、转换效率低的问题。规划太阳能发电电源仅适用于电网尚未延伸到且无法采取其他能源发电的地区或具备太阳能发电优势的地区。

我国太阳能资源最丰富的地区，年太阳辐射总量 6 680 ~ 8 400MJ/$m^2$，相当于日辐射量 5.1 ~ 6.4（kW·h）/$m^2$。这些地区包括宁夏北部、甘肃北部、新疆东部、青海西部和西藏西部等地。尤以西藏西部最为丰富，最高达 2 333（kW·h）/$m^2$，日辐射量 6.4kW·h/$m^2$，居世界第二位，仅次于撒哈拉大沙漠。

## 三、风能电源

风能具有使用经验丰富、产业和基础设施发展较成熟、发电成本低于太阳能、无限可再生等优点，但同时也存在地区环境限制、间歇性、能量存储成本高等缺点。村庄风能电源规划仅适用于电网无法延伸到或具备风能发电优势的地区作为补充电源。

中国东南沿海及附近岛屿的风能密度可达 300W/$m^2$ 以上，3 ~ 20m/s 风速年累计超过 6 000 小时。内陆风能资源最好的区域是在沿内蒙古至新疆一带，风能密度在 200 ~ 300W/m²，3 ~ 20m/s 风速，年累计 5 000 ~ 6 000 小时。这些地区适于发展风力发电。

# 第三节 电网规划

电网规划节约是最大的节约。在电力系统迅速发展的背景下，电网规划对于提高供电质量、供电经济性和安全性显得越来越重要，电网规划应该体现安全、经济、可靠 3 个目标。

## 一、电网电压等级和供电半径

（1）村庄电网电压等级应符合国家电压标准的规定，中压配电电压等级为 110kV、35kV 或 10kV，低压配电电压为 380V；/220Y。

（2）村庄电网应简化电压等级、减少变压层次、优化网络结构。村庄电网中的最高一级电压，应根据所属供电区电网远期的规划负荷量和村庄电网与地区电力系统的连接方式确定。

（3）对现有村庄电网存在的非标准电压等级，应采取限制发展、合理利用、逐步改造的原则。

## 二、供电可靠性

（1）供电可靠性是指电网设备停用时，对用户连续供电的可能程度。

（2）发达地区农村电网中重要的电源变电所可采用供电安全 N－1 准则。一般的农村电网变电所、中压配电网和低压配电网的配电线路和配电变压器可不采用安全供电 N－1 准则。

（3）农村电网满足用户用电的程度应逐步提高，逐步缩短用户停电时间。其主要措施是：提高线路、设备的健康水平和技术水平，采用必要的切出故障的自动装置，加强故障检测、提高维护水平等。

### 三、供电设施

（1）变电所选址应满足下列要求：①接近负荷中心；②交通方便，便于施工、检修及进出线的布置；③充分利用荒地，少占农田，利用自然地形进行有效排水；④避开易燃易爆及污染严重地区；⑤根据发展规划预留扩建的位置，占地面积应考虑最终规模要求。

（2）变电所布置。宜采用全户外或半户外布置，有条件的地区宜按照无人值班方式设计。变电所规划用地面积控制指标可根据表9－3选定。

表9－3　变电所规划用地面积控制指标

| 变压等级（kv）一次电压/二次电压 | 主变压器容量[（kV·A）/台（组）] | 变电所结构形式及用地面积（m²） | |
| --- | --- | --- | --- |
| | | 户外式用地面积 | 半户外式用地面积 |
| 110（66/10） | 20~63/2~3 | 3 500~5 500 | 1 500~3 000 |
| 35/10 | 5.6~31~5/2~3 | 2 000~3 500 | 1 000~2 000 |

（3）位于村庄内的变电所建筑设计应与环境协调，符合安全、经济、美观、节约占地的原则。

（4）变电所宜采用新技术，应选用功能完备、质量好、维护少、检修周期长的设备，提高电网装备水平。

（5）10/0.4kV变压器应采用低损耗电力变压器如非晶合金铁芯变压器。容量315kV·A以下配电变压器宜采用架空变压器台，变压器台架宜按最终容量一次建成；315kV，A及以上配电变压器可采用低式布置。附近有严重污染及其他危及设备安全运行的情况，不适合设置露天变压器台的地方，宜采用室内配电所或箱式变电站。

（6）同一电源的多回架空配电线路应同杆架设。

（7）中压架空配电线路宜选用钢芯铝绞线或铝绞线，村镇内的线路也可选用架空绝缘导线。主干线截面应按远期规划一次选定，不宜小于70mm$^2$。

（8）农村电网中各级配电线路不宜采用电缆线路。发达地区个别特殊地段确实需要采用电缆线路时，应符合《城市电力网规划设计导则》中5.4的规定。

# 第十章　美丽乡村建设与新能源规划

## 第一节　资料收集及选择能源

### 一、资料收集

（1）国家节能减排政策规定的相关用能指标。

（2）本地区用能历史资料和与用能有关的其他统计资料（如经济、人口数量、气象条件、农作物生产情况、自然资源种类等）。

（3）国家相关的能源（电力、煤炭等）政策。

（4）与村庄用能有关的新技术（节能产品）的推广情况。

### 二、村庄能源种类与选择原则

#### 1. 能源种类

我国村庄能源主要有薪柴、作物桔杆、人畜粪便（直接燃烧或制沼气）、太阳能、风能和地热能等，多属于可再生能源。农村能源还包括国家供应给农村地区的煤炭、燃料油、电力和燃气等商品能源。

## 2. 选择原则

村庄能源建设的指导方针是：因地制宜，多能互补，综合利用，讲求效益。村庄地区应因地制宜，就近开发可利用的能源。

村庄能源规划所包含的内容主要是合理开发当地各种能量资源，研究村庄各种能量资源的结构比例，不宜采用单一的能源供应方式，应协调商品能源和非商品能源的比例。在确定各种能源比例结构时，不同能源的经济性及管理要求不同，应充分考虑农村不同收入家庭的经济承担能力和管理水平。

### 三、能源用量预测

## 1. 村庄用能指标

各类用能用户的设计用能指标应根据当地生活习惯、气候、能源供应类型确定。本指标包括下列 3 类用能用户。

（1）居民生活用能用户。

（2）公共建筑用能用户。

（3）采暖用能用户。

居民生活的用能指标，应根据当地居民生活用能的统计数据分析确定。一般情况下，可按表 10 - 1 选取。

表 10 - 1　农村居民生活的用能指标

$$[MJ/人年, 1.0 \times 10^4 kcal/ (人·年)]$$

| 地区 | 用能指标 | 备注 |
|---|---|---|
| 东北、西北地区 | 1 256 ~ 1 466（25 ~ 30） | 有效用能，不含卫生热水 |
| 华北地区 | 1 256 ~ 1 466（25 ~ 30） | 有效用能，不含卫生热水 |
| 华东、中南地区 | 838 ~ 1 256（20 ~ 25） | 有效用能，不含卫生热水 |

（续表）

| 地区 | 用能指标 | 备注 |
|------|----------|------|
| 东南地区 | 838～1 256（20～25） | 有效用能，不含卫生热水 |
| 西南地区 | 838～1 256（20～25） | 有效用能，不食卫生热水 |

公共建筑用能指标，根据规划村庄公共建筑的情况，按居民生活用能的3%～10%考虑。

采暖用能指标，可参照国家现行标准《城市热力网设计规范》（CJJ34）或当地建筑物耗热量指标执行，考虑村庄实际情况及与城镇的差别，对室内采暖温度修正为14℃～16℃，再根据采暖面积确定采暖能耗量。

2. 能源的利用效率

能源利用效率是指各类转换设备转换后输出能量与输入的能量之比的百分数。一般情况下，各类能量转换设备的效率可按表10－2选取。

表10－2　各类能量转换设备的效率

| 类型 | 效率（%） | 备注 |
|------|-----------|------|
| 普通柴薪灶 | 10～15 | 有效用能，不含卫生热水 |
| 节能柴薪灶 | 20～25 | 有效用能，不含卫生热水 |
| 煤炭灶 | 20～25 | 有效用能，不含卫生热水 |
| 煤球炉 | 25～30 | 普通型 |
| 煤球炉 | 35～45 | 节能型 |
| 采暖煤炉 | 40～55 | |
| 太阳能灶 | 20～30 | |
| 微波炉 | 85～90 | |

（续表）

| 类型 | 效率（%） | 备注 |
|------|---------|------|
| 电磁炉 | 60~70 | |
| 电饭煲 | 70~80 | |
| 饮水机 | 85~90 | |

# 第二节　新能源开发

## 一、新能源基本性能规划要求

（1）农村能源设施规划应符合村庄发展规划的要求。

（2）农村能源设施规划选址选线时，应遵循节约用地、有效使用土地和空间的原则，根据工程地质、水文、气象和周边环境等条件确定。集中能源设施应设置在村庄的边缘或相对独立的安全地带。

（3）村庄能源供应系统应具备稳定可靠的来源和保证对用户安全稳定供应的必要设施以及合理的供应参数。

（4）在能源输送、转换、分配、最终消费过程中的技术选择，以提高能量利用效率，缓解能源短缺现象，保持农业生态环境，促进农村经济长期稳定地发展为宗旨。

（5）在设计使用年限内，村庄能源设施应保证在正常使用条件下的高效可靠运行。

（6）农村能源设施（沼气、秸秆气化气、液化石油气、天然气等）的规划和使用，应采取有效保证人身和公共安全的措施。

（7）农村能源设施（秸秆气化、集中供热热源和生产用热源）的规划和利用，应采取措施减少污染，并应按国家现行环境保护标准对产生的污染物进行处理。

（8）村庄能源设施的规划和利用应能有效地利用能源和水资源。

（9）在村庄能源设施安全保护范围内，不得进行有可能损坏或危及设施安全的活动。

（10）村庄集中能源设施的规划与利用应有完善的安全生产、运行管理制度和相应的组织机构。

（11）村庄能源设施必须使用质量合格并符合要求的材料与设备。

（12）村庄能源设施规划优先采用高效节能的新技术、新工艺和新材料。

（13）村庄能源工程建设竣工后，应按规定程序进行验收，合格后方可使用。

## 二、能源质量

（1）液化石油气、天然气质量应符合现行国家标准的有关规定，热值和组分的变化应满足城镇燃气互换性的要求。沼气和秸秆气化气质量应符合国家相关生产标准要求，氧气、一氧化碳等有害杂质含量应控制在安全范围内。

（2）当使用液化石油气与空气的混合气作为农村燃气气源时，混合气中液化石油气的体积分数应高于其爆炸上限的2倍，在工作压力下管道内混合气体的露点应始终低于管道温度。

（3）当使用其他燃气与空气的混合气作为村庄燃气气源时，应采取可靠的防止混合气中可燃气体的体积分数达到爆炸极限的措施。

（4）燃气加臭。村庄各类燃气加臭剂的添加量应符合国家《城镇燃气设计规范》（GB 50028—2006）的要求。

## 三、能源生产厂站

### （一）一般规定

①规定适用于农村商品能源（液化石油气、天然气、沼气、秸秆气化气等）的生产、净化、接收、储配、供应等场所。

②能源厂站的设计使用年限应由设计单位和建设单位确定并应符合国家有关规定，但厂站内主要建（构）筑物的设计使用年限不应小于50年；建（构）筑物结构的安全等级应符合国家相关标准的要求。

③厂站的工艺流程应符合安全稳定供应和系统调度的要求。

④厂站内能源储存的数量应根据供气、调峰、调度和应急的要求确定。

### （二）站区布置

①厂站站址的选择应根据周边环境、地质、交通、供水、供电和通信等条件综合确定，并应满足系统设计的要求。

②厂站内的建（构）筑物与厂站外的建（构）筑物之间应有符合国家现行标准要求的防火间距，厂站边界应设置围墙或护栏。

③厂站内的生产区和生产辅助区应分开布置，出入口设置应符合便于通行和紧急事故时人员疏散的要求。

④不同类型的燃油、燃气储罐应分组布置，储罐之间及储罐与建（构）筑物之间应有符合国家现行标准要求的防火间距。

⑤液化石油气厂站的生产区内应设置消防车通道。

⑥液化石油气的生产区应设置高度不小于2m的不燃烧体实

体围墙。

⑦液化石油气厂站的生产区内，除地下储罐、寒冷地区的地下式消火栓和储罐区的排水管、沟外，不应设置地下和半地下建（构）筑物。生产区的地下管沟内应填满干砂。

## （三）设备和管道

①能源生产设备、管道及附件的材质和连接形式应符合介质特性、压力、温度等条件及相关标准的要求，其压力级别不应小于系统设计压力。

②燃气设备和管道的设置应满足操作、检查、维修和燃气置换的要求。

③厂站内设备和管道应按工艺和安全的要求设置放散和切断装置。放散装置的设置应保证放散时的安全。

## 四、沼气工程

## （一）村庄沼气工程组成

包括户用池气池建设、小型沼气工程和集中沼气供应工程。

①沼气利用规划应选择集中式沼气供应技术，集中式便于管理，效率高，使用周期长。

②不同地区选择相适应的建设模式，分为北方模式和南方模式，北方模式受自然条件限制，沼气池建在日光温室或三结合台禽舍内。而南方模式则是沼气池与养殖业、林果业、种植业紧密联系。

③集中沼气工程以村庄规模畜禽养殖场粪污的沼气发酵为主要环节，将沼气生产和粪污处理有机结合，实现畜禽粪便资源化利用的工程。建设内容主要包括发酵装置、脱硫脱水装置、储气柜、输配管网、炉具以及沼肥利用设施等。

④兼顾沼气生态农业技术作用，做好"三沼"利用规划，

"三沼"即沼气、沼液、沼渣，是沼气池经过厌氧发酵的产物，可综合利用，节约成本，减少污染，熟化土壤，培肥地力，减轻病虫害，提高产量，增加收入，提高沼气生产系统的经济性。

### （二）沼气池的日常管理

在利用沼气技术规划中，要注意对沼气生产系统日常管理的规划，以提高系统的效率、可靠性和经济性。

### （三）安全管理

①沼气池的进、出料口要加盖，以防人、畜掉进去造成伤亡。

②每口沼气池都要安装压力表，经常检查压力表水柱变化，当沼气池产气旺盛时，池内压力过大，要立即用气、放气，以防胀坏气箱，冲开池盖造成事故。如果池盖已经冲开，需立即熄灭附近烟火，以避免引起火灾。

③严禁在沼气池出料口或导气管口点火，以避免引起火灾或造成回火致使池内气体爆炸，破坏沼气池。

④经常检查输气管道、开关、接头是否漏气。在使用沼气灶时，应该先检查开关是否处于关闭位置，若没有关闭，应立即关闭并熄灭火源、开窗通风。不用气时要关好开关。在厨房如嗅到臭鸡蛋味，要开门开窗并切断气源，人也要离去，待室内无味时，再检修漏气位置。

⑤在输气管道最低的位置要安装凝水瓶（积水瓶）防止冷凝水聚集陈冰，堵塞输气管道。

⑥安全入池出料和维修人员进入沼气池前，先把活动盖和进出料口盖揭开，清除池内料液，晾1~2天，并向池内鼓风排出残存的沼气。再用鸡、兔等小动物试验。如没有异常现象发生，在池外监护人员监护下方能入池。入池人员，必须系安全

带。入池操作，可用防爆灯或电筒照明，不要用油灯、火柴或打火机等照明。

## 五、秸秆气化集中供气工程

（1）以村庄为单元，利用农作物秸秆生产可燃气体，通过管网供给农户，用于炊事和取暖。建设内容主要包括气化机组、燃气净化器、储气柜、输配管网、室内灶具等设备。

（2）采用先进高效技术与工艺流程。秸秆气化供气系统的设计、施工、验收及气化炉的效率评价，执行《秸秆气化供气系统技术条件及验收规范》（NY/T443—2001），《户用型秸秆气化炉质量评价技术规范》（NY/T1417—2007）。

（3）村庄秸秆气化规划，要有运行管理和安全管理内容，以保障气化系统的效率、经济性、可靠性和安全性。

（4）村庄秸秆气化规划，要利用考虑净化污水、焦油等污染物的处理，保护环境。

## 六、太阳能利用

（1）推广利用太阳能：在太阳能丰富的地区推广利用太阳能技术，包括太阳灶、太阳房、太阳能热水供应。

①太阳灶是利用太阳辐射能，通过聚光、传热和储热等方式进行炊事和烹饪的装置。

②太阳能灶节能量，根据不同地区的自然条件和群众不同的生活习惯，太阳灶每年的实际使用时间为 400~600 小时，每台太阳灶每年可以节省秸秆 500~800kg，经济效益和生态效益十分显著。

③在西部太阳能丰富的甘肃、青海、宁夏回族自治区、西藏自治区、四川、云南等地区，应大力推广太阳能灶技术。

④在太阳能较丰富的采暖地区，推广被动式太阳房技术。被动式太阳房是在普通建筑物结构的基础上，加大朝阳窗户、吸热墙或附加温室来收集太阳能，以达到供暖目的。

（2）太阳能卫生热水与采暖：

①太阳能可用于提供卫生热水和建筑采暖。太阳能地板辐射采暖具有良好的节能和环保等优点。

②太阳能地板采暖系统的工作原理是，太阳能集热器接受太阳辐射，并加热集热介质，将太阳辐射能转化为热能，并储存在蓄热水箱中，水箱中的水在循环泵的作用下，进入供暖地板的管网中对房屋供暖。

③典型的太阳能地板福射采暖系统主要由太阳能集热器、蓄热水箱、辅助热源、埋入地板的地热盘管及控制装置等组成。由于太阳能具有不稳定性，阴天下雨及光照不足时，需要采用辅助热源。

## 七、省柴节煤工程

省柴节煤灶（炕）是按照燃料燃烧和热量传递的科学原理设计的，具有较高热效率的坎事取暖设备，包括北方的省柴节煤炕连灶和南方的省柴节煤灶。

（1）节能灶效率。传统的炉灶秸秆薪柴的能源利用率只有10%～15%，经过炉灶的改造后，秸秆和薪柴的能源利用率提高到20%～25%。在燃料缺乏地区应大力推广节能灶技术。

（2）节能坑。

①落地坑是传统炕形式，炕体完全接触地面，坑体用砖搭砌，砌出炕洞及烟道，炕表面仍使用砖平铺，外表面以灰泥抹面，上铺坑席或人造革。

②落地式炕灶据调查和测试，北方寒冷地区的生活能耗绝

大部分在坎事和采暖上，而采暖能耗又占生活能耗的大部分。落地式坑灶综合热效率不足45%。

③预制组装架空坑（吊炕），架空火坑的底板用几个立柱支撑而成，坑体吊于半空，故又名"吊炕"。预制组装架空炕结构，由底板支柱、底板、面板支柱、面板、后阻烟墙、烟插板等组成，其构件均可工厂化生产，进行组装式搭砌。近几年在农村大力推广的高效节能坑灶，可提高直接燃烧的热能利用率。

④高效节能炕灶是指组装架空炕与节能灶的组合系统，是按照燃烧和传热的科学原理，合理地进行了设计，对炉灶的热平衡和经济运行进行优选。高效节能炕灶结构合理，通风良好，柴草燃烧充分，炉灶上火快，传热和保温性能好，坑灶综合热效率可以达到70%以上。

# 第十一章　美丽乡村及景观建设

## 第一节　建筑景观规划

建筑本身是一种文化的现象，也是文化的载体。乡村聚落建筑作为人居的物质实体，深受传统文化中"天人合一"美学思想影响，表现出自然适应性、社会适应性和人文适应性的美学特征。

建筑景观是乡村聚落景观中唯一的硬质实体景观，是组成乡村聚落的肌肉。建筑的不同组合方式形成了乡村不同的肌理建筑多姿的色彩，给乡村增加了更多的生命力和活力不同的建筑样式，是乡村历史文化的精神传承。

### （一）布局规划

建筑的布局形式通常根据地形地势和交通来进行布置。建筑的主朝向为南北向，便于采光和通风。乡村住宅的布局形式主要有行列式、周边式、混合式3种，此外还有自由式等布局。

（1）行列式。指住宅连排建造，按照一定的朝向和合理间距成排成行的布置。但是在建设过程中，要避免"兵营式"布局，可以通过建筑的不同组合来打破平直的线条，做出适当的变异。比如建筑朝向的角度，辅助建筑的介入等等，都能够达到良好的形态环境和景观效果。这样布局的主要特点是日照和通风条件优越。在我国大部分地区，这种布置形式可以使每家住户都能获得良好的日照和通风条件，布置道路、各类管线比较容易，施工方便。

（2）周边式。建筑沿街道、场院或者池塘进行布置的形式。这种形式的内聚性比较强，有明确的内向空间，公共的院落内比较安静。公共院落可以组织成公共游憩的地方，有利于邻里交往。但是东西朝向的房间，光照不足，一般作为储藏或其他用处。这种布局的主要特点是院落较为明显，有明确的领域，冬季有很好的防风效果。

（3）混合式。混合式布局就是将行列式与周边式结合，不过通常会被理解为行列式的变形。这种布局较为灵活，兼有以上两种形式的优点，只是东西向的房间不是很好利用，所以一般将其用作公共设施。此外还有散点的布局形式，形式灵活，但容积率低，比较适合丘陵地带的乡村。

乡村建筑布局规划应该以三种基本布局形式为主，结合现有的乡村自然条件，提高居住的容积率，设置村庄的绿化和公共活动空间。规划中应该立足现状，以现存较好的建筑为规划基础，对其他建筑做出修整。

根据村庄自身的特色，将村庄内的住户可分为几个组团，通过不同的建筑布局形式进行组合，提高容积率，增加乡村中的绿化和公共活动空间。

**（二）色彩规划**

在建筑艺术中，色彩是建筑物最重要的造型手段之一，色彩也是建筑造型中最易创造气氛和传达感情的要素。色彩实验证明，在人们观察物体时，首先引起视觉反应的就是色彩，当人最初观察物体时，视觉对色彩的注意力约占80%，而对形状的注意力占 20%。由此可见，在建筑造型中，色彩与其他造型要素相比，具有独特的作用和效果。同样，色彩也是美化乡村的重要手段，是乡村景观的重要因素之一，反映了现代乡村的物质文明。色彩是表现乡村空间性格、环境气氛，创造良好景观效果的重要手段，适当的色彩处理可以为空间增加识别性，也可以使空间获得和谐、统一的效果。每个乡村在它发展前进过程中，因其社会和自然条件的原因，形成了独特的并为人们喜爱的色调。乡村建筑群体色彩构造了乡村的独特风貌。建筑的用色要考虑乡村所在地区的气候、民族习惯和周围的环境，要求统一性与变化性相结合。建筑物间的色调要和谐，给人以亲切、柔和、明快的感受。色相宜简不宜杂，明度宜亮不宜暗，色彩宜浅不宜深。整个居住区既要有统一的色彩基调，同时又要五彩纷呈。在建筑主体色彩统一的基调上，对建筑细部如门窗、屋檐、阳台可选用多种色彩以丰富空间色彩。

乡村建筑和城市住宅建筑的用色相差不大，色相选择仍然以暖色调为主，明度搭配以中高调为主。由于乡村环境的影响，乡村建筑的颜色显得相对质朴，有的建筑色彩甚至有点单调。因为个人的喜好不同，乡村的建筑也是五彩纷呈。

过去绝大部分乡村由于财力、物力、人力的限制，没有过多的装饰，直接显现原有材料的色彩。现代社会经济的发展使得乡村的色彩变得逐渐丰富。因而在乡村色彩规划上需要强调地是注意乡村传统色彩的传承和色彩的协调问题。自然存在的颜色几乎都能和环境很好地协调起来。暖棕色有助于使木制建筑融合于乡村半林地或稻田景观环境。灰白色是另一种可以放心使用的颜色。在需要强调的一些建筑小构件上，可以少量的使用明亮的浅黄色、中国红或岩石的颜色。绿色差不多是所有颜色中最难以把握的，在一个特定的环境获得合适的绿色调十分困难，混合了其他不同颜色的树叶及其空隙和阴影加上屋顶的光学反射，使绿色的屋顶很难与周围环境协调。一般一个村庄中的用色都几近相似，以白色为主，而村庄中的建筑色彩的构成也以横向构图为主。

## （三）装饰规划

自然条件的不同，驱使人们用自己的智慧来创造适宜的建筑形式，也就形成了建筑样式的多元化，如闽南的土楼、广西壮族自治区的麻栏、草原的蒙古包、西南的吊脚楼、傣家的竹楼、青海的庄巢、陕北的窑洞、高原的石碉房等。因为乡村的经济条件有限，乡村建筑材料多就地而取，而形式多应气候因素而变。北方因为天气寒冷，建筑墙体就较为厚重，南方则因为炎热的天气，建筑比较轻盈，而且建筑空间选择大进深，增加空气的流通性。

几千年的历史文明，使得中国传统建筑多姿多彩，但随着时代的进步，中国城市建筑在经历复古风与西化风的同时，乡村建筑也受到了一定影响。未曾走出国门的人们，对于欧式建筑多少会感到新鲜，于是在建筑中添加许多欧式建筑的元素，如柱廊、老虎窗等，但细细品味起来，在 21 世纪的今天，中国乡村出现的仿欧式建筑，既不是中国的又不是现代的，跟周边中式建筑并列，着实不算和谐。我们应该在建筑的发展中，探求一种完全属于中国乡村的建筑风格，既可以表现传统乡村文化又可以展现现代文明的影响，既保留乡土建筑的元素又体现现代建筑的特色。

乡村聚落建筑在择地选址中，往往遵循风水古训和特殊信仰，表现出环境优选取向。在建造材料选择上，房舍建筑大多是就地取材，因材制宜发挥各地域的材料优势，形成独特的景观特色，突出表现在对材料的质感、肌理和色彩的处理上，使技术、经济、艺术相结合。在房屋型式的选择上，乡村聚落建筑极富民族和地域特色，闽南的土楼、广西的麻栏、草原的蒙古包、西南的吊脚楼、傣家的竹楼、青海的庄巢、陕北的窑洞、高原的石碉房，从对自然的尊崇到对自然的适应，体现了劳动大众聚居最具有生态内涵的绿色建筑技术，也表明了乡村聚落建筑的美学与环境设计意识的内在联系，同时体现了中国传统建筑文化模式的形成、演化、扩散。在适应自然气候、调节室内环境方面，利用开敞的厅、堂、廊、院落、天井、风巷等建筑布局和构造措施，达到自然对流、通风、降温、采光、保暖等基本的生活功能要求，以绿色再生理念指导住居的组团布局与规模控制。因为人们的个人喜好不同，经济条件不同，而且没有基本的建筑形式标准，从而导致了建筑形式多元化，建筑景观参差不齐。现代乡村聚落建筑景观具有简洁、明快、干净、利落的特点，这是人类文明和社会进步的需要，是现代工业社会高速度、快节奏生活的体现。"现代化"虽然能满足人们不断提高的物质生活方面的要求，但"乡土味"则可激起人们对大自然、对熟悉的自然环境和传统文化的亲切感。"现代"了，却失去了地域特色，让建筑的外观显得浮躁和不安。在 21 世纪的今天，中国的建筑设计应该在经历了一段时间的彷徨之后，更关心设计的理念创新、技术创新和理论创新，在建筑的本质探索上有更新突破，形成自己的风格。

建筑的风格定位了乡村风貌的迥异，乡村离开了地域建筑艺术、建筑风格的引领，也就不容易表达地方特点。地域性才是建筑的基本前提和出发点，这就要求建筑设计要去挖掘和探讨建筑风格内在的涵义与精神实质，对地理环境及乡土建筑特征有正确的判断，运用现代建筑乡土化乡土建筑现代化这一设计构思，使其相辅相成。现代建筑乡土化，或说地域化，是指建筑利用现代的科学技术手段在传承地方文脉的基础上，创造有效多变的外在形象和有序空间，以形成建筑的独处性。乡土建筑现代化的灵活运用与上相同，它们是事物存在的统一体。对于乡土建筑的延续，要存其形、贵其神、得其益，形神兼备。建筑是以科学技术作为其物质存在的依据的，要充分利用现有的科学技术使节能化、智能化、生态化得以实现。湖北乡土建筑中的天斗、天井、亮瓦、封火山墙、灌斗墙等都是可以用来借鉴的，充分利用这些元素，形成一种特定地域建筑创作，使乡土建筑更具个性特色。

# 第二节　公共空间景观规划

## （一）公共空间

公共活动空间可以结合村庄内部的晒场、打谷场进行设置，设计成运动场地、休闲场地等。在休闲场地和运动场地周围还可以结合乡村的公共绿地进行设计。例如，道路局部放大的开阔场地，在农忙时都可以作为打谷场、晒场。设置足够的农用生产空间，避免人们在乡村道路上晾晒粮食作物，造成交通隐患。另外，自家的庭院、屋顶都可以作为晒场。同时晒场、打谷场所构成的大型开阔场地，是乡村主要的活动场所，承载了集体活动、文艺演出、剧场等娱乐功能。

## （二）村口

乡村村口设计一般主要考虑自然现状、乡土建筑特色、地方材料、功能等4方面的因素。

（1）中国乡村聚落大多受传统的"天人合一"的观念影

响，多尊重自然，村口是乡村聚落中的一个组成部分，在其设计中也应该充分体现对于自然的考虑。

（2）传统村口一般会结合村门、亭、廊、桥梁等进行设计，作为乡村入口的标志。村口的设计风格要与整个村庄的乡土建筑风格保持一致。

（3）地方材料主要包括木材、瓦、石、草、竹等。以这些地方材料作为村口的设计元素，可让人们感受到朴素、淡雅、亲切的乡村风格和乡土气息。

（4）任何一种空间单元的存在都有其自身的理由和价值，也都有对应的功能属性。村口从本意来讲，具有空间与形式双重意义，包含各方面的使用功能，如人、物、车等穿行功能，内外空间分割、衔接等过渡功能，乡村人口标示、乡村宣传等标志功能。

村口设计的面积和尺度不宜过大，起到乡村标示性和乡村宣传的作用即可。在设计中，要注意视线的通透性，保证人们在村口可以看到村庄的一角。有些开展乡村旅游的村庄，村口会结合停车场、商店、售票厅等辅助空间进行设计，面积和尺度相对较大。

## 第三节　水体景观规划

乡村聚落内水体应保障其使用功能，满足村庄生产、生活及防灾需要。严禁采用填埋方式废弃、占用乡村水体。乡村坑塘的使用功能包括旱涝调节、渔业养殖、农作物种植、杂用水、水景观及污水净化等，河道的使用功能包括排洪、取水和水景观等。坑塘整治对象主要指村庄内部与村民生产生活密切关联，有一定蓄水容量的低地、湿地、洼地等，包括村内养殖、种植用的自然水塘，也包括人工采石、挖砂、取土等形成的蓄水低地。河道整治对象主要指流经村内的自然河道和各类人工开挖的沟渠。

## （一）水资源利用系统

乡村聚落内的水循环系统大致分为两种：家庭型和企业型。在庭院面积许可的情况下，家庭的生活废水的处理可以选择修建小型池塘，或者庭院附近本身存在小型池塘，利用水生植物、水生蔬菜直接净化。同时池塘收集的雨水，可以用作庭院植物的浇灌。在池塘中，还可以喂养家禽鱼类等，既增加庭院生产量，又可以净化池塘水资源。如果庭院面积不允许，则应该设置庭院明沟或暗沟排水，几户生活废水汇合后，再做净化处理，或者以村为单位集中处理。净化后的水可以直接流入村庄水系，对村庄的地下水进行补给。

中小企业的工业污水应该集中处理达标后，流入村庄河流的下游。工业污水储水池应该做好防渗，以免污染地下水源。

## （二）水体污染治理

乡村饮用水的取水来源已经慢慢转变为自来水，但仍然有许多村民直接饮用地下水。水资源的保护和规划不仅仅是景观问题，更是关系人们生活健康的问题。只有改善乡村水域的环境污染和生态破坏，才能实现水域环境的可持续性，从而保障人们日常生活用水的健康。

根据中华人民共和国国家标准（GB 50445—2008）《村庄整治技术规范》，作为乡村集中饮用水水源的取水口水系，应建立水源保护区。保护区内严禁一切有碍水源水质的行为和建设任何可能危害水源水质的设施。现有水源保护区内所有污染源应进行清理整治。作为生活杂用水的坑塘不得有污水排入。因此，生活污水应该通过渠道排入生活杂用水坑塘的下游或者与其分开，如表 11 -1 所示。

表 11 -1　不同功能水体控制标准

| 坑塘功能 | 最小水面面积（m²） | 河道宽度（m） | 适宜水深（m） | 水质类别 |
|---|---|---|---|---|
| 旱涝调节坑塘 | 50 000 | — | 1.0 ~ 0 | V |
| 渔业养殖坑塘 | 600 ~ 700 | — | >1.5 | Ⅲ |
| 农作物种植坑塘 | 600 ~ 700 | — | 1.0 | V |
| 杂用水坑塘 | 1 000 ~ 2 000 | — | 0.5 ~ 1.0 | Ⅳ |
| 水景观坑塘 | 500 ~ 1 000 | — | >0.2 | V |
| 污水处理坑塘（厌氧） | 600 ~ 1 200 | — | 2.5 ~ 3.0 | — |
| 污水处理坑塘（好氧） | 1 500 ~ 3 000 | — | 1.0 8139 5A4 31 | — |
| 行洪河道 | | ≮自然 | | |
| 生活饮用水河道 | | 河道宽度 | >1.0 | Ⅳ |
| 工业取水河道 | | | >1.0 | Ⅳ |
| 农业取水河道 | | | >1.0 | V |
| 水景观河道 | | | >0.2 | V |

　　村庄采用氧化沟和稳定塘技术处理污水的，应该选择距离村庄不小于 30m，并位于夏季主导风向下风向的坑塘，其周边应建设旁通渠，疏导汇流雨水直接排入下游水体。如果没有重污染的工业污水，可以采用生态净化系统来处理生活污水。通过自然沉降、加氧、暴晒、微生物、水生植物等来形成生态净化的系统。

　　水生植物可以直接吸收污水中可利用的营养物质，并可吸附、富集重金属及一些有毒有害物质在根区的微生物的生长、繁殖等提供氧气。净化效果较好的水生植物有芦苇、香蒲、水萌芦、水花生、石曹蒲、灯芯草，水芋、风车草、美人蕉、水雍菜等，其中又以挺水植物为主，如芦苇、水芋、风车草等。

### （三）水体景观营造

乡村水系景观在设计过程中，会牵涉到很多方面的问题，要使景观设计取得较为理想的成效，应该遵循以下几条基本原则。

（1）尊重自然原则。水系的形成是一个自然循环和自然地理等多种自然力综合作用的过程，所以，在进行河道水系整理时，应该根据乡村的汇水范围、整体流向，以系统的观点进行全方位的考虑。这是第一个层次，需要解决的问题有控制水土流失、调配水资源使用、治理水体污染、控制住宅或其他用地对水域面积的侵占等。

（2）自然生态原则。根据生态学原理，以自然河道为设计基础，保护生物多样性，增加景观异质性，强调景观个性，形成自然循环。构架乡村生境走廊，实现景观的可持续发展。保持自然线性，强调植物造景，运用天然材料，创造自然生趣，鼓励平易质朴，反对铺张奢华，达到"虽由人作，宛自天开"的艺术境界。

（3）综合兼顾原则。水系景观的设计不仅仅是解决一个景观上的问题，还包括提高防洪能力，改善水域生态环境，改进河道可及性与亲水性，增加娱乐机会，提高滨水区域土地利用价值等一系列问题。靠近民宅的驳岸，一般硬质化较为严重，方便村民取水、用水。这里是人流集散较为集中的地方，人们在洗刷的时候，会闲谈几句。因此，这里就变成了村落内口耳相传的信息集散处。临近的人们在夏季也会来这里乘凉。因此，在水系规划时，应该留出一定的公共活动空间，设置休憩设施。

景观营造以自然、生态为设计主题，休憩设施可以选择自然的树墩、石凳，可以选择废弃的农用物品作为景观小品。台阶、汀步选择自然块石，驳岸应该选择人工自然驳岸与人工驳岸相结合。人工自然驳岸是生态驳岸的一种，既可以护堤抗洪，又可以增强水体自净，滞洪补枯、调节水位等。

# 第四节　绿色空间景观规划

## （一）道路景观

乡村道路具有交通与生活双重功能，不仅承担着乡村的交通运输功能，同时还是邻里交往、休闲娱乐等社会生活的重要空间，同时它还是布置管线和给排水设施的场所。乡村道路宜曲不宜直，最好是顺应地势或者依傍水系，在满足行驶力学和人的视觉、心理的舒适性要求的基础上，根据地形设置道路的形态，力求自然。

乡村道路中除了宅前道路，其他道路形式应该避免"断头路"，提高道路的通达性。乡村中的道路包括过境公路、乡村公路、宅前道路等多种形式。其中，过境公路是乡村对外交通的纽带，道路红线宽度遵从总体规划，按照其规模确定宽度。其他则根据村庄整治技术规范以及实际情况确定道路宽度。乡村公路主要道路有时会结合过境公路，直接将过境公路作为乡村道路。普通情况下，乡村道路宽度不宜小于4.0m。宅前道路作为乡村的次要道路，宽度不宜小于2.5m。其他乡村小路，如宅间道路，宽度按其需要从0.5～2.5m不等。

道路铺装材料应因地制宜，多宜采用沥青混凝土路面、水泥混凝土路面、块石路面等形式，平原区排水困难或多雨地区的村庄，宜采用水泥混凝土或块石路面。宅间道路的铺装材料，适宜选用本土材料、建筑剩料、边料、自然石等，避免大量使用城市化铺装，以体现乡土特色为原则。

乡村中的道路，不仅仅只有交通功能，兼有观景、休闲散步、锻炼身体和邻里交往等功能，所以乡村中的道路还是一个活动场所。同时道路绿化是村庄连接外部的生态廊道。因而沿途绿化，给无机的道路添上有机的自然色彩，形成舒适的环境景观，是道路设计的另外一个要素。道路沿途的绿化设计，是通过有效的绿化设计改善沿线环境。例如，在设计中树种的选择，不但要考虑树种的外形、尺寸、生长的适应性，还要考虑家畜对植物的影响以及行道树对周边景观的承接和供托作用。在乡村聚落内的道路绿化，还应考虑树种的滞尘、降音等作用。

（1）树种选择原则。植物的选择一般都具有浓郁的地域特色，多以当地乡土植物为主，不仅能达到适地适树的要求，而且代表了一定的地域风情和植被文化。对在本地适应性强的外来树种也可适当采用。要根据污染及该路段社会文化背景，选择抗污染能力强、易于管理、病虫害少的树种。

（2）植物配置原则。植物配置要符合司机行车及行人行走的安全，避免产生干扰。植物群落配置符合自然发展规律，以自然植物群落为基础，配置富于季相变化的人工植物群落。同时充分利用植物本身的特征，如树形、花色、叶色、枝、果等，再配合路段的文化特点，形成特定环境的景观效果。速生树种与慢生树种有机搭配，尽量满足近、远期规划的生态景观效果。

街道的发展与村庄的发展密切相关。一些小的村落仅有三五户或十几户人家，稀疏散落于地头田边。但是，随着人口的增加，聚落规模逐渐扩大，住户密集程度不断提高，村民们由于交通联系的需要，就开辟出一条联系村落的道路。于是，后来的民居建筑就沿着交通线路兴建，于是村落的形态就渐渐形成。由于村落的形成是漫长的，因此，乡村道路的形成也不是一蹴而就的。又因为建筑布置的自发性，建筑选址的自主性，自然村落的街道就不会像城市那样整齐，从而在形成的带状空间中空间组成较为丰富。村庄内的道路，或紧靠民居，或拓宽为广场，或与绿地相接。

道路在住宅的南面光照充足，推荐选择乔一草式种植。乔木选择落叶树种，夏季可以遮蔽一定的太阳光，为建筑内部营造凉爽的小气候，冬季可以获得温暖的阳光。灌木不适宜种植，这样会对夏季凉风产生阻挡。当然也可少量种植枝叶较为稀疏的物种。

## （二）庭院景观

乡村内的住宅庭院多数没有院墙的围绕，本来的私密空间已经完全暴露在公众的视线范围，私密空间已经成为一种心理空间范围。庭院空间已经失去了许多过去的功能，变成了房前屋后的心理界定空间。其实房前屋后的庭院景观便是最好的绿色空间。但是庭院内多数地面硬质化、庭院面积较小等问题，使得庭院的生产性降低，影响着庭院系统的生态循环。

根据《可持续发展视野下的农村庭院研究——以兰考贺村为例》的研究结果，庭院内的生产系统完全可以实现自身的可持续循环。通过多层多级利用废物，使得生产系统的每一级生产过程的废物都变成另一级生产过程的原料，且各环节比例合适，使所有的废物均能充分利用。例如，动物粪便发酵后的沼气作为能源，沼液作为肥料养鱼或者浇灌菜园。通过时间、空间的多层次利用，充分利用光、热、水、土等资源。又如，利用蔬菜的季节性，使得菜地在时间上得到充分的利用。

如果庭院空间有限，或者将庭院硬质化，以作为晒场的农家，房前屋后的空间不足以进行生产时，可以考虑屋顶菜园。虽然在武汉乡村中平屋顶比较多，但屋顶花园这种形式比较少见。在乡村中，屋顶空间经常作为晒场使用，但使用时间不长。可以使用屋顶空间作为蔬菜种植区域，既可以增加屋顶空间的使用率，又起到降温、改善小环境的作用。使用可以活动的箱子作为培植容器，这样既可以随时搬动，又很好地解决了屋顶花园地防渗漏问题。或者划出一定区域作为蔬菜栽培区，使用铁箱、砖等修筑种植槽。这些简单的材料制作的屋顶菜园，耗资较低。有了屋顶菜园，既方便了人们的日常生活，又改善了建筑的小环境。但在建设屋顶菜园时，要考虑房屋的承重。

在刘娟娟的研究中提出了改善环境系统的单层建筑理想种植模式，通过种植的布局引人夏季凉风，隔绝冬季寒风，捕捉有益的阳光，遮蔽西晒。在武汉的乡村内多数建筑为两层以上，因此在种植布局上，应该相应作出调整。同时结合屋顶空间，从三维立体空间对住宅的微气候进行调整。

住宅北面：风水学中讲究建筑"靠山"，种植常绿枝叶茂盛的乔木，树高应高于建筑高度，为建筑提供绿色大背景。配置方式以乔—灌结合，形成冬季风的阻隔屏障。

住宅南面：乡村内有较多的住宅，南面直接接触道路，应该考虑适当的退让。门前宜种植高大、枝干开展松散的落叶乔木。

住宅西面：多考虑用攀援性蔬菜进行墙面绿化，如丝瓜、黄瓜、葫芦等，或者选用造景小乔木。

住宅东面：种植矮灌木或者喜半阴的蔬菜。住宅顶部可以选择利用屋顶种植，夏季阻隔太阳的暴晒，降低室内气温；冬季阻隔寒气的进入，保持屋内温度。

在乡村新建的住宅中，已经将厕所设计在房屋建筑中，也有的保留了原有的室外厕所。尿粪分离式厕所和沼气式生态厕所比较适合乡村地区。生态厕所的建设，可以很好地进行堆肥，加人庭院生态系统循环；很好地解决厕所的环境卫生，改善庭院的环境景观。

在牲畜圈栏的处理上，要做到整洁，同时可以采纳"五山模式"中的"搭建凉棚，棚上种植葫芦、丝瓜"等模式。

# 第五节 历史文化村镇保护规划

## 一、历史文化村镇概述

### （一）历史文化村镇基本概念

历史文化村镇是指一些古迹比较集中或能较为完整体现出某一历史时期的传统风貌和民族地方特色的街区、建筑群、小镇、村寨等。应根据它们的历史、科学、艺术价值，核定公布为当地各级"历史文化保护区"，予以保护。

历史文化村镇包含了已经批准公布的省级历史文化名镇和具有历史街区、历史建筑群、建筑遗产、民族文化、民俗风情特色的历史文化保护区的传统古镇（村）、其范围主要包括县城以下的历史文化古镇、古村及民族村寨。

### （二）历史文化村镇基本特征

历史文化村镇基本特征见表 11 - 2。

表 11 - 2　历史文化村镇基本特征

| 项目 | 内容 |
| --- | --- |
| 传统特征 | 众多的历史文化村镇和传统古镇历经千百年，历史悠久，遗存丰富，有浑厚的文化内涵，充分反映了城镇的度展脉络和风貌，这是一般的历史文化村镇和古镇的共性 |
| 民族特征 | 中国有 56 个民族，大部分少数民族聚居在小城镇和村庄，生活、生产方式等多方面仍继承了少数民族的传统习俗，使许多这类古村镇和村寨具有浓郁的民族风情 |
| 地域特征 | 小城镇分布地域广阔，不同的地理纬度、海拔高度、地域类型、自然环境都赋予小城镇产生和发展的不同条件，从而产生不同的地方风俗习惯，形成不同的地方风貌特征 |
| 景观特征 | 大多数历史文化村镇和古镇有着丰富的文物古迹、优美的自然景观、大量的传统建筑和独特的整体格局；自然景观和人工环境的和谐、统一构成了古镇的景观特征 |
| 功能特征 | 历史文化村镇在历史上都具有较为明显和突出的功能作用，在一定的历史时期内发挥着重大作用并具有广泛的影响，在文化、政治、军事、商贸、交通等方面有着重要的价值特色 |

## （三）历史文化村镇类型

（1）传统建筑风貌类。完整地保留了某一历史时期积淀下来的建筑群体的古镇，具有整体的传统建筑环境和建筑遗产，在物质形态上使人感受到强烈的历史氛围，并折射出某一时代的政治、文化、经济、军事等诸多方面的历史结构。其格局、街道、建筑均真实地保存着某一时代的风貌或精湛的建造技艺、是这一时代地域建筑传统风格的典型代表。

（2）自然环境景观类。自然环境对村镇的布局和建筑特色起到了决定性的作用。由于山水环境对建筑布局和风格的影响而显示出独特个性，并反映出丰富的人文景观和强烈的民风民俗的文化色彩。

（3）民族及地方特色类。由于地域差异、历史变迁而显示出地方特色或民族个性，并集中反映的某一地区。

（4）文化及史迹类。在一定历史时期内以文化教育著称，对推动全国或某一地区的社会发展起过重要作用，或其代表性的民俗文化对社会产生较大、较久的影响，或以反映历史的某一事件或某个历史阶段的重要个人、组织的住所，建筑为其显著特色。

（5）特殊职能类。在一定历史时期内某种职能占有极突出的地位，为当时某个区域范围内的商贸中心、物流集散中心、交通枢纽、军事防御重地。

## （四）历史文化村镇保护原则

历史文化村镇保护原则见表 11 – 3。

表 11 – 3　历史文化村镇保护原则

| 项目 | 内容 |
|---|---|
| 整体性原则 | 历史文化村镇的保护最重要的是保护古镇的整体风貌和文化环境，而不只是单一的历史遗迹和个体建筑 |
| 协调性原则 | 历史文化村镇的保护不同于文物和历史遗产的保护，必须兼顾其居民的现代生活、生产的发展需求，协调好保护与发展的关系 |
| 展示性原则 | 在充分尊重历史环境、保护历史文化遗迹的前提下，采取保护与开发相结合的原则，使历史古镇整体及其历史遗迹的历史价值、艺术价值、科学价值、文化教育价值不断得到新的升华，并获得显著的经济效益和社会效益 |

## （五）历史文化村镇传统特色要素与构成

历史文化村镇的传统特色要素与构成见表 11 – 4。

表 11 – 4　历史文化村镇的传统特色要素与构成

| 要素 | 构成 |
|---|---|
| 自然环境 | 山脉——高山、群山、丘陵、植被、树林水体——江河、湖泊、海洋气候——日照、雨量、风向、气候特征物产——农作物、果树、山珍、水产、特产 |

（续表）

| 要素 | 构成 |
|------|------|
| 人工环境 | 历史遗迹——庙宇、亭、台、楼、阁、祠、堂、塔、门、城墙、古桥等文化古迹——古井、石刻、墓、碑、坊等民居街巷——街、巷、府、院、祠、园、街区、广场等城镇格局——结构、尺度、布局 |
| 人文环境 | 历史人物——著名历史人物、政治家、文学家、科学家、教育家、宗教人士等 |
| | 民间工艺——陶艺、美术、雕刻、纺织、酿酒、建筑艺术等 |
| | 民俗节庆——集会、仪式、活动、展示、婚娶等 |
| | 民俗文化——方言、音乐、戏曲、舞台、祭祀、烹饪、茶、酒等 |

## 二、历史文化村镇的保护规划

### （一）历史文化村镇保护内容

（1）整体风貌格局。包括整体景观、村镇布局、街区及传统建筑风格。

（2）历史街区（地段）。集中体现古镇的历史和文化传统，保存较完整的空间形态。

（3）街道及空间节点。最能体现历史文化传统特征的空间环境、传统古街巷、广场、滨水地带、山村梯道及空间节点中的重要景物，如牌坊、古桥、戏台等。

（4）文物古迹、建筑遗产、古典园林。各个历史时代古镇遗留下来的至今保存完好的历史遗迹精华。

（5）民居建筑群风貌。为传统古镇的主体，最具有生活气息和体现民风民俗的部分。

### （二）历史文化村镇保护规划

历史文化村镇的保护规划不同于历史文化名城的保护规划，

由于古村镇通常保护范围相对较小，内容相对单纯，编制的形式、深度在参考历史文化名城保护规划办法的前提下，分为3种情况：

（1）按专项规划深度编制。

（2）在村镇建设规划中单独编制古村镇保护规划。

（3）结合旅游规划和园林绿地系统规划，编制专题的古村镇或历史街区保护规划。

以上3种规划编制形式，其保护规划内容基本一致，归纳如下。

（1）确立村镇保护级别、作用、效果及保护规划框架。

（2）明确历史文化村镇的保护定位。

（3）根据现状环境、历史沿革、要素分析，明确划分古村镇的保护范围、细分保护区等级。

（4）与村镇建设规划相衔接和调整。

（5）提出保护系统的构成，即区、线、点的系统保护，并确定系统的重点。

（6）对保护区内建筑更新的风格、色彩、高度的控制。

（7）在调查分析、研究的基础上确定古镇保护区建筑的保护与更新的方式，通常为保护、改善、保留、整治、更新等方法。

（8）对城镇整体景观、空间系列、传统民居群、空间节点和标志等方面的规划。

（9）完善交通系统，确定步行区，组织旅游线路。

（10）对古镇环境不协调的地段、河流、建筑、场所进行整治，并进行市政设施配套、绿化系统规划和环境卫生的整治。

# 第十二章　美丽乡村建设与
## 防灾规划

当今社会，水灾、火灾、地震等自然灾害频发，对人民群众生命财产造成的危害越来越大，从而产生了许多社会不和谐因素，实现社会和谐，建设美好社会，始终是人类孜孜以求的一个社会理想。农村是社会的细胞，农村安全和谐是社会和谐的基础，也是构建社会主义和谐社会的一项重要内容，建设安全的农村也为构建社会主义和谐社会奠定了坚实的基础。新形势下，如何有效应对各种突发灾害，让人民群众满意，建设安全农村，构建和谐社会，给我们的防灾减灾工作提出了新的更高的要求。

## 第一节　减灾防灾在美丽乡村建设中
### 的重大意义

### 一、减灾防灾是美丽乡村建设强有力的安全保障

灾害作为一种永恒的现象，是不可能完全避免的。农村灾害中无论是自然灾害，还是人为灾害，都是对农村财富和农村生产力的破坏，是农村经济社会发展的反向推动力量。灾害损失不仅与灾害变化的强弱有关，还与财富存量的多寡有关，即当发生特定量级的灾害时，社会财富总量越大，灾害损失越大，

灾害损失和社会财富总量之间呈正相关关系。随着经济的增长，一个地区的经济规模不断扩大，个人积累的财富不断增多，但在灾难面前的脆弱性也在增强，一旦发生灾难，就会对地方、家庭以及个人造成巨大的损失，甚至使长期劳动积累的财富瞬时化为泡影，因灾致贫、因灾返贫，成为一些地区长期难以摆脱贫困的重要原因。因此，在农村经济与社会财富密集程度不断提高和农村灾害发生的频率与损失破坏程度加大的双重背景下，减灾防灾就是增产，减灾防灾就是对农村生产力的保护，也是促进农村经济发展积极而有效的基本措施，成为美丽乡村建设强有力的安全保障。

## 二、减灾防灾是农业可持续发展的必然要求

根据致灾因子的不同，农村灾害总体上包括自然灾害和人为灾害两大类型。灾害不仅造成巨大的经济损失，而且还严重地制约着我国农业的可持续发展，成为困扰我国农村经济乃至整个国民经济发展的巨大障碍。伴随着经济的高速增长，对我国农业乃至整个国民经济影响最大的，已不限于水、旱、虫等常规的自然灾害，而愈益呈现人为化趋势，如环境污染和生态破坏等，人为因素使农村灾害更加复杂化。其中，特别是生物多样性减少、森林锐减、土地荒漠化和水体污染等是影响、制约农业可持续发展的主要灾害，也正是生物多样性减少、森林锐减、土地荒漠化、水体污染等反过来又加剧了水、旱、虫等自然灾害。自然灾害与生态恶化互为因果，使恶性循环加速：生态环境的破坏，对自然灾害有诱发、催化作用，而且缩短了灾害发生的周期，加重了灾害的严重程度；反过来，连年不断的自然灾害又促使生态环境进一步恶化。这样，农业可持续发展的环境基础不断被破坏，严重制约了农业、农村经济的可持

续发展。因此，减灾防灾就是要积极减少和防治农村灾害及其造成的损失，尤其注重减少、防治经济发展中因种种人为因素造成的灾害及其损失，实现农村经济与环境、资源、生态之间的良性循环和协调发展，促进农业的可持续发展。

### 三、减灾防灾是农民生存环境改善的迫切需求

我国是世界上受自然灾害影响最严重的国家之一，各种自然灾害频繁地威胁着农村的经济发展，危害农民赖以生产生活的环境，而且随着人口的增长和经济的发展，战略性资源约束日益强化，日益严重的生态危机以及人类自身对农村资源和农村环境的严重破坏，又加大了农村灾害的发生频率，使得农村灾害与农村生态环境处于一种恶性循环之中。减灾防灾就是要通过技术创新和制排，减少人为因素引起的灾害，缩小其影响范围，降低其负面影响，同时通过各种防范措施，提高农民抗御农村灾害的能力，这将有助于人们在最大限度地获取生态、社会效益和经济效益的同时，保护已有的劳动成果和改善农民的生存环境，谋求经济社会与环境、资源、生态的协调发展，维持并创造新的生态平衡。因此，减灾防灾既是减少农村灾害损失的现实需要，也是顺应农民对良好生存环境愿望的需求；既是党委、政府维护农民根本利益的重要体现，也是维护农村生产生活稳定的根本需要。

# 第二节　加强美丽乡村消防建设

### 一、美丽乡村消防建设中存在的问题

（1）消防责任制落实不力。落后地区部分基层领导存在重

经济发展轻安全思想，对农村消防工作重视不够，没有把农村消防工作纳入政府或部门日常议事日程。一些基层干部特别是村级干部根本没有消防安全责任意识，加之缺乏安全责任追究制度，造成农村防火工作没人抓，安全工作形同虚设。

（2）消防基础设施建设投入不足。落后地区农村基础建设缺少规划，村庄建设零散，导致基础设施建设难度大，道路路况差，水源缺乏。

（3）消防宣传教育力度不够。从当前农村火灾形势分析来看，大部分是农民群众缺乏消防常识和消防安全意识造成的。农民群众防火观念不强，思想麻痹，缺乏应有的自觉性和警惕性。农村消防宣传工作形式单调。各地没有真正把消防宣传教育工作摆在重要位置，甚至个别单位无消防宣传教育工作计划，无固定的消防宣传教育阵地，加之宣传面过窄，形式单调，教育次数少，导致许多农民群众不懂消防法律法规和消防安全知识，违法、违章行为较为严重。

（4）基层派出所监管职能作用不强。部分基层派出所未能严格按照《消防法》规定履行自己的职责。很多派出所认为防火工作是消防部门的事，从思想上认识不足，没有将防火工作纳入派出所的日常管理工作中。消防监督工作是技术性、专业性要求都比较高的工作。在消防机构内部，要干好这项工作也须经过专业学习、长期实践才能胜任。而仅仅经过短期培训的派出所民警，由于工作紧张繁忙，加之任职不固定，面对各类繁杂的技术规范、专业知识，既无心也无力钻研，难以独立开展消防监督工作。

## 二、加强美丽乡村消防建设的对策

（1）强化消防安全责任制。严格落实农村防火责任制，建立健全消防安全责任体系。各级政府要严格落实消防安全责任制。主要领导要带头履行消防安全职责，分管领导要具体抓，一级抓一级，层层抓落实，防止出现越到基层，消防工作越没人管的现象。各地要结合地区实际制定完善农村消防工作规章制度。各地要通过建立消防工作例会制度、防火安全检查制度、火灾隐患整改制度、消防宣传教育培训制度等多项规章制度，使农村消防工作有法可依、有章可循，从而有力地促进农村消防工作的顺利开展。各级政府要以责定位，把消防工作所取得的成果作为衡量各级政府全年工作成绩的重要指标。同时各级政府还要对各个阶段的火灾形势进行分析和总结，并研究制定改善措施。

（2）完善农村消防基础设施规划。抓住当前美丽乡村城镇化和中心村建设的有利时机，将农村消防工作纳入各地农村发展规划，坚持"因地制宜、因陋就简"的原则，结合村镇建设规划，加强村镇消防规划和消防基础设施建设，将消防安全布局、防火间距、消防水源、消防通道、消防设施与村镇水利、通信、农电、道路建设与改造等农村公共基础设施建设结合起来。积极采取有效措施，在抓落实上下工夫。各地在消防工作发展规划中要对农村消防工作涉及的组织管理、村镇消防规划的制定、消防基础设施的建设及多种形式消防队伍的发展等工作提出明确要求，并确定发展目标。

（3）加强派出所建设，打造农村消防监管新亮点。消防部门要积极指导派出所抓好农村消防管理工作，指导帮助派出所制定和完善工作制度、职责、程序，建立必要的消防工作台账，加强对派出所消防民警的业务培训，全面提高派出所消防监督工作综合能力。落实派出所消防工作年终考评制度，将农村消防工作纳入派出所业务工作范围进行考核评比，切实发挥派出所全面掌握和熟悉农村情况的优势，及时发现和督促整改火灾隐患，不断改善农村的消防安全环境，落实防火措施，做到防患于未然。加大派出所消防执法力度，重点加大对农村小场所、小宾馆、小饭店、小商店和小作坊的消防安全检查力度，有效解决农村消防工作"失控漏管"的局面。

（4）加强消防宣传，打造农村消防宣传新看点。宣传内容不宜过深，根据农民群众普遍受教育程度不高的实际，把消防安全知识编成顺口溜、民俗谚语、儿歌等，易懂好记。加强农村学校学生的消防安全教育，使他们从小就得到消防安全知识的熏陶，掌握基本的消防知识。丰富消防宣传形式。通过在乡镇广播、乡村宣传栏刊播消防常识，发放宣传资料，设立咨询点等形式广泛宣传防火灭火、逃生自救基本常识，宣传农村防火工作的经验做法，介绍典型火灾案例，以提高广大农民群众的消防安全意识，增强广大农民群众预防火灾的自觉性、主动性。

# 第三节　农村防灾减灾的目标及原则

## 一、农村防灾减灾的工作目标

在农村开展防灾减灾工作，首先要确定今后一个时期的工作目标：防灾减灾意识明显提高；村庄与集镇防灾规划制定完成；针对农村地区的减灾防灾技术标准体系比较健全；村镇建设的工程质量保证体系基本建立；在遭遇较小的自然灾害时，不发生人员伤亡，能够基本保障人民的生命财产安全和生产、生活秩序；在遭遇一般自然灾害时，能够最大限度地减少生命财产损失，很快恢复正常的生产、生活秩序；在遭遇较大的自然灾害时，有效地控制规模，确保不发生严重的次生灾害。

## 二、消防规划的原则

根据发展情况，按照《城市消防规划建设管理规定》的要求，采取"预防为主、防消结合"的方针，逐步提高消防水平。

**各类用地的选址如何考虑消防安全**

居住区用地宜选择在生产区常年主导风向的上风或侧风向，生产区用地宜选择在村镇的一侧或边缘。打谷场和易燃、可燃材料堆场，宜布置在村庄的边缘并靠近水源的地方。打谷场的面积不宜大于 2 000m²，打谷场之间及其与建筑物的防火间距，不应小于 25m。林区的村庄和企业、事业单位，距成片林边缘的防火安全距离，不宜小于 300m。农贸市场不宜布置在影剧院、学校、医院、幼儿园等场所的主要出入口处和影响消防车通行的地段，且与化学危险品生产建筑的防火间距不小于 50m。汽车、大型拖拉机车库宜集中布置，宜单独建在村庄的边缘。

# 第四节 村内消防车通道、消防站的设计

## （一）村内消防车通道设计

道路的修建应满足消防要求，合理设置消防通道，保证消防车快速通过，给消防扑救创造有利条件。规划要求新建各类建筑物充分考虑消防要求，保证一定的消防间距，配备必要的消防设施，现有建筑不合消防要求的应进行改造。

村庄内的消防车通道要尽可能利用交通道路，路面宽度不小于 3.5m，转弯半径不小于 8m，穿越门洞、管架、栈桥等障碍物净宽 × 净高不小于 4m × 4m 时的道路即可作为消防车道。消

防车道之间的距离不应超过 160m，且应与其他公路相连通。

## （二）消防站的规划

根据《城市消防规划建设管理规定》，消防站的布局应以接到报警 5min 内消防车可达责任区边缘为原则，每个消防站责任区面积为 4 ~ 7km²，结合集聚区总体规划的发展及布局，规划新建标准消防站 3 处，占地面积各 1hm²。

各消防站的车辆及通信等器材应按《城镇消防站布局与技术装备标准》要求进行配置。

# 第五节  村内各建筑的消防

## （一）室外消火检应的规划

村庄宜设置室外消火栓，室外消火栓沿道路设置，并宜靠近十字路口，其间距不宜大于 120m，保护半径不大于 150m，在重点建筑物前应适当提高消火栓密度。消火栓与房屋外墙的距离不宜小于 5m，有困难时可适当减少，但不应小于 1.5m。村庄各类建筑的设计和建造应符合《村镇建筑设计防火规范》（GBJ 39—90）的有关规定。

## （二）仓库如何消防

粮、棉、麻仓库宜单独建造，当与其他建筑毗连或库房面积超过 250m² 时，应设防火墙分隔。

## （三）厂房建筑如何消防

厂房内有爆炸危险的生产部位，宜设在单层厂房靠外墙处或多层厂房的最上一层靠外墙处。有爆炸危险的厂房应设置泄压设施。

厂房安全出口不应少于两个。特殊条件下的可设一个。每层面积不超过 500m² 时，可采用钢楼梯作为第二个安全出口，其倾斜度不宜大于 45°，踏步宽度不应小于 0.28m。

厂房的疏散楼梯、门各自的总宽度和每层走道的净宽度，应按每百人 0.8m 计算。但楼梯的最小净宽不宜小于 1.1m，疏散门的最小净宽不宜小于 0.9m，疏散走道净宽不宜小于 1.4m。

### （四）牲畜棚如何消防

牲畜棚宜单独建造。当建筑面积超过 150m² 时，应设非燃烧体实体墙分隔。牲畜棚应设直接对外出口，门应向外开启。铡草、饲料间及饲养员宿舍与牲畜棚相连时，应设防火墙分隔。

### （五）公共建筑如何消防

公共建筑的安全出口数目不应少于两个，但符合下列条件之一的可设一个：一个房间的面积不超过 60m²，且人数不超过 50 人；除托儿所、幼儿园、学校的教室外，位于走道尽端的房间，室内最远的一点到房门口的直线距离不超过 14m，且人数不超过 80 人时，可设一个门，其净宽不应小于 1.4m；除医院、托儿所、幼儿园、学校教学楼以外的二三层公共建筑，当符合规定的条件时，可设一个疏散楼梯，其净宽不应小于 1.1m。

### （六）消防给水的规划

无给水管网的村镇，其消防给水应充分利用江河、湖泊、堰塘、水渠等天然水源，并应设置通向水源地的消防车通道和可靠的取水设施。利用天然水源时，应保证枯水期最低水位和冬季消防用水的可靠性。

设有给水管网的村镇及其工厂、仓库、易燃和可燃材料堆场，宜设置室外消防给水。村镇的消防给水管网，其末端最小管径不应小于 100mm。无天然水源或给水管网不能满足消防用水时，宜设置消防水池，寒冷地区的消防水池应采取防冻措施。

# 第六节　村庄选址需要考虑防地质灾害

居民选址尽可能避开抗震不利地段，以防止地质灾害。抗震不利地段指软弱土、液化土，条状突出的山嘴、高耸的山丘、非岩质的陡坡，河岸及边缘，在平面分布上成因、岩性、状态明显不均匀的土层，如古河道、疏松断层破裂带、暗藏的沟塘和半挖半填的地基等。危险地段指可能产生滑坡、崩塌、地陷、泥石流及地震断裂带上可能发生的地表错位等地段。地质不良地段指冲沟、断层、岩溶等地段，这些地段地震时极易产生次生灾害。

党的十八大明确提出要"把生态文明建设放在更加突出的地位，融入经济建设、政治建设、文化建设、社会建设的各方面和全过程，努力建设美丽中国，实现中华民族永续发展"。我国是农业大国，美丽中国建设重点在农村，难点也在农村。美丽乡村是落实生态文明建设的重要举措，也是在农村推进美丽中国建设的具体行动。

近年来，我国农业农村经济发展迅速，农民生活水平明显提高，农村人居环境显著改善，农村社会事业稳步推进，取得了很好的成效，但也出现了一些新情况、新问题。一是脏、乱、差问题十分突出。总的来说，我国农村环保设施建设相对滞后，全国约4万个乡镇、60多万个建制村中，大部分尚未建立完善的生活污水、垃圾收集处理设施，未经处理的生活垃圾随意丢弃、生活污水的直接排放，严重影响了农村人居环境。目前的农村环境状况被农民形象地称为"垃圾靠风刮，污水靠蒸发，室内现代化，屋外脏乱差"。在美丽乡村建设和农业基础设施建设过程中，盲目大拆大建大整，农村建设城市化，致使一些沟渠路过度硬化、多样化小树林被砍掉、水塘被填埋、河流被拉直，乡村生态景观风貌受损，生态服务功能下降，出现"千村一面"和"田园景观均质化"现象。二是与城乡一体化发展不相适应。近年来，城镇化进程不断加快，村庄数量明显减少，农户向中心村和"马路村"转移导致的全国农村居民点用地增加，但大多数村庄基本上依托原有自然村落格局，布点分散，规模偏小，基础设施不完善，已不能满足城乡一体化发展的需要。同时，农村优质生产要素大量流向城市，异地城镇化加速了农村空心化，农村常住人口剧减，进城农民对农村房产弃而不丢，加剧了村庄空心化和资产的闲置浪费。三是农村发展后劲不足。近年来，农村水、电、路、气、房和生活垃圾、污水处理利用设施日益完善，但是基础设施长期维护使用、农村公共事务管理、农民互助合作、村民自治、农民素质的提升等方面没有建立起一套可持续的管理模式和运行机制。同时，由于产业带动不够，村级集体经济薄弱，运行维护投入不足，农民自我维护、自我服务的机制尚未建立，一些基础设施成为摆设，难以发挥效用。

美丽乡村是新农村的升级版，既秉承和发展新农村建设的宗旨思路，延续和完善相关的方针政策，又丰富和充实其内涵实质，集中体现在尊重和把握其内在发展规律，更加注重关注生态环境资源的有效利用，更加关注人与自然和谐相处，更加关注农业发展方式转变，更加关注农业功能多样性发展，更加关注农村可持续发展，更加关注保护和传承农业文明。建设美丽乡村要以统筹城乡一体化发展为方略，以促进农业生产发展、人居环境改善、文明新风培育为目标，以农村环境综合整治为突破口，拓展和提升新农村建设内涵，发展农业生产、改善人居环境、传承生态文化、培育文明新风，建设"生态宜居、生产高效、生活美好、人文和谐"的美丽乡村，为城镇化建设和全面建成小康社会奠定坚实基础。建设美丽乡村必须按照生产、生活、生态和谐发展的要求，坚持"科学规划、目标引导、试点先行、注重实效"的原则，努力构建与资源环境相协调的农村生产生活方式。要调整优化农村产业发展，加强农业基础设施建设，着力提高农业综合生产能力，保障粮食安全和主要农产品有效供给。积极发展生态农业和循环农业，加强农业面源污染源头治理。大力推进人居环境综合整治和乡村生态景观建设，以垃圾收集、污水处理、改水改厕、农房整修、沟渠清淤、可再生能源开发利用、生态景观建设等为重点，开展村庄环境综合治理，构建长效机制，确保正常运行。加快发展休闲农业和乡村旅游，着力培育一批产业特色突出、品牌优势明显的主导产业，发展壮大集体经济。进一步完善农村基础设施，配套公共服务，延伸社会保障，打造一批人口集中、产业集聚、要素集约、功能齐全的美丽乡村。

科学技术是第一生产力。科技进步是美丽乡村建设的重要保障。美丽乡村建设以农村环境整治、清洁生产、清洁能源使用和废弃物资源综合利用为重点，从全面、协调、可持续发展的角度，在乡村板块把农业基础设施建设、现代生态农业发展、农业清洁生产、可再生能源利用、生态景观等各类技术进行集成配套，涉及农业、农村、农民各方面，与生产、生活、生态各环节密切相关，必须要强化科技支撑保障，把科技创新贯穿于美丽乡村建设的各方面和全过程。首先，建设美丽乡村必须依靠技术进步缓解日趋紧张的资源约束。美丽乡村建设注重产业发展，要求增产增效并重、良种良法配套、农机农艺结合、生产生态协调，强调资源集约高效利用。我国人多地少水缺，工业化、城镇化对土地、水资源的占用和消耗还将持续加大，农业发展的资源约束进一步加剧，给农业可持续发展带来隐患。解决这些问题必须依靠科技进步，加大科技攻关力度，提高资源利用效率，节约农业发展过程中的资源，实现农业农村经济持续健康稳定发展。

其次，建设美丽乡村必须依靠技术进步解决日益突出的生态环境问题。美丽乡村建设的切入点是农村环境整治，推进废弃物的资源化、开展生态景观建设。我国农业发展方式总体还比较粗放，农业面源污染问题突出，化肥农药利用率不高，畜禽养殖污染尚未得到有效解决，农村脏乱差问题相当突出，大量农村生话垃圾、污水、粪便和农作物秸秆被随意丢弃，不仅造成资源浪费，还造成严重的环境污染。从农业系统内部加快物流、能流的合理循环，研发适宜的农村废弃物综合利用技术，推进废弃物的资源化利用，对从源头解决好农业生产中的环境污染问题具有积极作用。这就要求在美丽乡村建设过程中必须紧紧依靠科技进步，加快研发推广环境保护、污染治理、废弃物资源化利用、可再生能源利用、生态景观建设等生态环境新技术、新设备、新产品，切实改善农村生态环境。

最后，建设美丽乡村必须依靠科技进步促进农民增收。农民收入是"三农"的核心问题。美丽乡村建设的内生动力是农民增收，农民富裕是美丽乡村建设的目标之一。总的来看，我国农村发展还存在不平衡问题，部分贫困地区农民收入增长相对较慢，乡村发展和农民增收问题相当突出。美丽乡村建设既要实现外在的环境美，也要重视农民富裕的内在美，必须加快育主导产业，把产业发展转移到依靠科技进步和劳动者素质提高上来，提高农业产业化经营水平。这就要求提升农业科技创新能力，形成农业科技创新与应用的合力，为农民增收致富提供技术支撑。

提升美丽乡村的建设水平和科技含量，必须要建立完善技术支撑体系，加强农业科技合作交流和协同创新，研发出一批生态农业建设、农业面源污染防治、农业清洁生产等新技术、新成果，进一步强化科技支撑。针对当前农业农村经济发展中面临的新情况、新问题、新挑战，围绕美丽乡村建设的科技需求，充分利用高等院校、科研院所、骨干企业的科研资源，加大关键技术的科研攻关力度，着力解决制约美丽乡村建设的技术"瓶颈"。及时总结和筛选简便易行、配套实用的技术模式，加大新技术、新产品、新工艺、新材料的集成示范与推广应用，提高新型实用技术的到位率。农民是美丽乡村建设的主体，要扎实开展农民培训，培育一批综合素质高、生产经营能力强、主体作用发挥明显，适应发展现代农业需要的新型职业农民，提高农民素质和务农技能。

# 参考文献

1. 蒋和平, 辛岭. 建设中国现代农业的思路与实践 [M]. 北京: 中国农业出版社, 2008

2. 张艺晟, 梅淑元, 李容容. 农业适度规模经营的实现形式分析——农业生产合作组织的力量 [J]. 当代经济, 2012: 6-10.

3. 彭治国. 英国, 灵魂在乡村 [J]. 中国农村科技, 2013 (7):

4. 刘铁芳. 乡村文化的缺失与反思 [J.] 农村农业·农民 (A版), 2011 (1): 57-58.

5. 赵霞. 乡村文化的秩序转型与价值重建 [D]. 河北师范大学, 2012.

6. 贾仲益. 生存环境与文化适应——怒族社会——文化的生态学解读 [J]. 吉首大学学报, 2005 (3): 38-39.

参 考 文 献